中华
十大家训

陈延斌 主编

[卷三]

教育科学出版社
·北京·

目录

庞氏家训

庞氏家训

中华十大家训

庞氏家训

南海　庞俟鵬　少南撰

嶺南遺書

務本業

一孝友勤儉四字最爲立身第一義必眞知力行奉此心

爲嚴師就事質成反躬體驗考古人前言往行而審其

所從必思有所持循無爲流俗所蔽若殘忍奢百行

裂矣他復何望哉然爲父母者尤當身任其責易曰家

人有嚴君焉父母之謂也益父母視家人勢分本爲獨

尊事權得以專制使挈其綱領內外肅然誰敢不從令

若仁柔姑息動多恣逸以致紛紛效尤誰執其咎哉必

父兄勉自克責嚴守章程使諸弟子承風凜然更相申

道光三十季歲次二
月南海伍氏開雕

〔明〕——庞尚鹏

庞尚鹏（一五二四—一五八〇），字少南，号惺庵，谥号惠敏。广东南海人。明嘉靖进士。初任江西乐平县县令，曾任御史，浙江巡按、大理寺右丞、右佥都御史、福建巡抚。以推行「一条鞭」法和清理整顿两淮盐法而闻名。著有《百可亭摘稿》《殷鉴录》《行边漫议》《庞氏家训》等。

《庞氏家训》从"务本业""考岁用""遵礼度""禁奢靡""严约束""崇厚德""慎典守""端好尚"八个方面，对子孙给予全面而具体的训诫。尤其是在道德修养方面，提出"孝、友、勤、俭"是"立身第一义"；训示不能读书求仕的子弟，应"亲农事，劳其身"，以自食其力，自立其家；女子则要亲自纺织；子孙都要"布衣疏食"，勤俭朴素。家训规定不准纵容娇惯孩子，不准博弈、斗殴、见利忘义等。要求子弟宽以待人，严以责己，关心体贴下人。家训还规定每月定期召开家庭会议，各述见闻，反省自己，"德业相劝，过失相规"，以求道德境界的提高。这些，对于我们今天的家庭教育和青少年道德养成，都颇有借鉴价值。因时代的局限，书中也有一些过时的观点，比如规定妇女不出闺门，嫁出去的女儿"不得概见他姓诸亲"等，今天我们再读时，摒弃即可。瑕不掩瑜，书中大部分的观点用在当下也不过时。

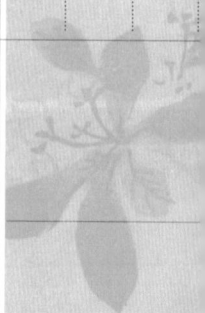

居身務
期質樸

居身务
期质朴

序

予作家训成，或谓予曰：
"有治人，无治法，子孙贤，恶_{wū。怎么，如何，何}用是哉，如其不肖，虽耳提面命_{语出《诗·大雅·抑》："匪面命之，言提其耳。"形容长辈教导热心恳切，}且奈何？"予应之曰："家有贤子孙，因吾言而思树立，何嫌于费辞_{多余的言辞，废话。}。如其不贤，即吾成法具存，父兄因而督责之，使勉就绳束_{约束}，犹可冀_{希望}其改图_{改旧图新}也。若前无辙迹，使索途_{摸索道路}冥行_{黑夜行走}，其不至于法守荡然，几稀矣。今就其日用必不可废者，授_{付与}以绳尺_{喻法度、规矩}，非有甚高难行之事，正欲其浅而易知，简而易能，故语多朴直，使愚夫赤子_{初生的婴儿，}

我制定了家训后，有人对我说："只有治家的能人，没有固定不变的治家之道。如果子孙贤德，哪里用得上这些呢？如果子孙不肖，即便是耳提面命又能起到什么作用？"我回答："如果是贤德的子孙，看到我的家训就会见贤思齐，树立更好的家风，不会嫌话多。如果遇到不贤的子孙，那么我定的家训都在，可以作为其父兄督促和责罚他们的依据，使他们不得不接受管教，还可以希望他们能改正。如果前面没有车辙的痕迹，子孙们就像在黑夜摸索道路前行一样，这不会使家法荡然无存的，几乎很少啊！如今就其日常生活中必不可少的要求，订立家规，没有很高很远难以做到的事情，就是想使它的内容都浅显而易懂，简单而易行，因此家训中的语言大多朴实直接，即便是不聪明、不识字的人也能明了无疑。古人说'建立某项事业，难于登天，使事业翻坠，易如大火燎毛'。我们的祖先既然承担了难做的事情，为了后代着想，我写家训教育子孙，使你们不走那条容易走却让人堕落的道路，而让祖先蒙羞。"

隆庆五年夏季第三个月月圆之日，尚鹏撰写

皆晓然无疑。古称成立之难如升天，覆坠之易如燎毛^{火烧毛羽。比喻成败极易。燎 liáo。}我祖宗既身任其难，为后世计，咨尔^{用于句首，表示赞叹或祈使}子孙，毋蹈其易，为先人羞。"

隆庆五年季夏^{指夏季的第三个月，即农历六月}望日^{月亮圆的那一天。通常指农历每月的十五日}，尚鹏撰

评析

在《序言》中，作者主要介绍了订立家训的背景和目的。对创立家训的实际效用，有人引用荀子"有治人，无治法"的观点向庞尚鹏提出质疑，认为治家还得靠"人治"而不是"法治"。庞尚鹏开宗明义阐述了自己的考虑：树立一个惩戒规训的标尺以供后世子孙遵循。而且本家训的内容并非曲高和寡的道德高蹈，而是面向家族的凡夫俗子，通过大众化、通俗化的语言让每个人都能够入脑入心。这也是庞氏家训在立意上的一大特色。

务本业

孝、友、勤、俭四字，最为立身第一义，必真知力行。奉此心为严师，就事质成（请人判断是非而求得公正解决），反躬（反过来要求自己，自我约束）体验。考古人前言往行，而审其所从，必思有所持循（坚持遵循），无为流俗所蔽。若残忍骄奢，百行（各种品行、德行。行 xíng）裂矣，他复何望哉。然为父母者，尤当身任其责。《易》（《周易》。又称《易经》。分为经部、传部。经讲占卦之术，传是对经的解释。儒家经典著作）曰："家人有严君焉，父母之谓也。"盖父母视家人，势分本为独尊，事权得以专制，使挈（qiè。提起）其纲领，内外肃然，谁敢不从令。若仁柔姑息，动多愆违（过失。愆 qiān，罪过、过失），以致纷纷效尤，谁执（当、受）其咎哉？

孝、友、勤、俭四个字，是安身立命的第一要义，必须要真正知晓，努力践行。尊奉这种心为严师，就事判定是非，反过来亲身体验。考察古人的言行，审查其所遵从的东西，一定会想要有所持守和遵循，才不会被流俗蒙蔽。如果残忍骄奢，德行败坏，还有什么指望？但做父母的，尤其应当肩负起教育的责任。《易经》有云："如果说家里有威严的一家之主的话，那就是父母。"父母对于家庭其他成员来说，情理势态上是独尊的地位，处理事情的权力最大，让父母提纲挈领，那么家庭内外肃然起敬，谁也不能不服从父母的指令。如果父母软弱姑息，行为上都有许多过失，会导致上行下效，谁能负起这个责任？所以父亲、兄长必须要严于律己，诚勉尽责，严守章程，使家族子弟凛然承风，再互相告诫，时刻不敢坠失先贤的明训，如此或可以继承家风家业。如果父兄辈认为做起来很困难，那么家族子弟中的贤德之人可以作为羽翼辅佐父兄。我作的家训是想多方面做预防和检束，所以事无巨细不怕麻烦地罗列这么多条目。

读书学习贵在改变人的气质禀性，岂是为了炫耀辞章或追求功名利禄！如果太轻浮就要用严肃庄重来矫正他，如果狭隘急躁就要用宽宏大量来矫正他，如果暴戾就要用平和宽厚来矫正他，如果迂腐迟钝就要用敏感迅捷来矫正他。根据每个人性格不同的缺点来引导约束，使其归于正道，才能看到做学问功效之大。以古人为明鉴，没有比读书更好的了。

必父兄勉自克责，严守章程，使诸弟子承风_{接受教化}凛然_{严肃的样子}，更相申饬_{告诫。饬chì，告诫，命令}，不敢坠先贤之明训，庶几_{或许可以}能世_{继承}其家。若父兄以为难，则贤子弟羽翼而佐之_{像羽翼一样辅佐}。予论著乃曲_{多方面，详尽}为防检，故屑屑_{烦琐、琐碎的样子}不惮烦_{怕麻烦。惮dàn，怕，畏惧}。

学贵变化气质，岂为猎_{追求}章句、干利禄哉！如轻浮则矫之以严重_{严肃，庄重}，褊急_{气量狭隘，性情急躁。褊biǎn}则矫之以宽宏，暴戾则矫之以和厚，迂迟_{迂腐迟钝}则矫之以敏迅。随其性之所偏，而约之使归于正，乃见学问之功大。以古人为鉴，莫先于读书。

庞尚鹏认为，作为一家之主，要提纲挈领，领导有方。在农耕文明为主导的古代中国，特别崇尚稳定、和谐的家庭氛围和勤俭、辛劳的家庭风气。这开头一段，庞氏就开宗明义，把家族安身立命的祖训、严于律己的家风告知后辈，引导子孙修身慎独，归于正道。

教子要
有義方

教子要
有义方

子弟从师问业，本有课程。尤当旦暮_{早晚}间察其勤惰，验其生熟，使知激昂奋发，有所劝惩，乃不负责成_{督促}之志。

子弟以儒书为世业_{世代相传的事业}，毕力_{竭力，尽力}从之。力不能，则必亲农事，劳其身，食其力，乃能立其家。否则束手坐困，独不患冻馁_{忍冻挨饿。馁 něi，饥饿}乎？思祖宗之勤苦，知稼穑_{泛指农事。春耕为稼，秋收为穑。穑 sè}之艰难，必不甘为人下矣。前代举贤，以孝弟、力田_{孝弟、力田都是汉代乡官名}列制科_{又称为特科。封建王朝临时设置的考试科目，意在选拔特殊人才。始于两汉}，使人人业其官，皆习知_{熟知}民隐_{民间疾苦}，岂忍贼民_{残害百姓}以自封殖_{聚敛财货。这里指损害百姓利益以自肥}哉！

子弟跟随老师完成学业，本有固定的课程。尤其应当早晚观察弟子是勤奋还是懒惰，检验其掌握课程是熟练还是生疏，让他们懂得激昂奋斗，对他们有所劝勉惩戒，才能不辜负督促其成才的意愿。

家族子弟要把读儒家圣贤书作为世代相传的事业，尽全力去完成。如孩子不是读书的材料，那就亲自务农，躬身劳动，自食其力，才能成立家业。否则闲着什么都不干，难道不担心会忍冻挨饿吗？想想祖宗奋斗的辛勤，明白农事的艰难困苦，一定不会甘心落于人后。从前举荐贤人，把孝弟、力田并列为选拔人才的特科，使人人能尽其职责，了解民间疾苦，这样怎么还会祸害百姓而自己聚敛财物呢！

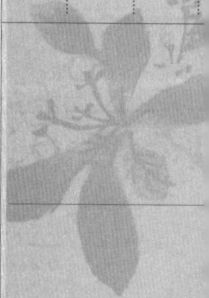

评析

　　该段主要规训的是家族子弟读书治学的态度。在家国同构的儒家文化当中，读书入仕与农桑劳作构成一种相互对应的二元结构，所谓"一等人忠臣孝子，两件事读书耕田"，读好书和耕好田都是一种心性的磨炼。

田地、土名、丘段_{地块}，俱要亲身踏勘_{到现场作实地考察}耕管；岁收稻谷，及税粮徭差，要悉心磨算_{琢磨计算}。若畏劳厌事_{畏惧辛苦，讨厌劳作}，倚_{依靠}他人为耳目，以致菽麦_{豆子和麦子}不辨，为人所愚，如此而不倾覆，吾不信也。

民家常业，不出农商。通查男妇仆几人，某堪_{胜任}稼穑，某堪商贾_{经商。贾 gǔo}。每年工食衣服，某若干，某若干，备考其勤能果否_{是否}相称。如商贾无厚利，而妄意强为，必至尽亏资本，不如力田_{勤于农事}，犹为上策。若旷远_{时间久远}不能尽耕，方许招人承佃_{diàn。租种}，审己量力，

田地、土名、地块，都要亲身踏勘耕种管理。每年收的稻谷以及税粮、徭役，都要精打细算。如果畏惧辛苦、讨厌事务，事事都听别人的，以致连豆子和麦子都分不清，受人愚弄，像这样而不败家的，我不相信。

老百姓最常从事的两种行业不外乎务农和经商。搞清楚家中的男女仆人有多少，谁擅长务农，谁擅长做生意。每年的工时、衣服，某人多少，某人多少，详备考核其勤劳和能力是否与之相称。如果做生意无利可图还要硬撑着，必然要亏尽老本，还不如趁早回家种田为上策。如果长期以来自己不能全部耕种完的田地，才允许招别人来租种。知道自己的情况并量力而行的，往往取决于有

经验的老农。

池塘养鱼要供给饲料和鱼草，修筑堤岸围墙。种植桃李荔枝，要培土铲草，如果人人都不遗余力，土地就会给予丰厚回报。要分别派定专人专管，并且写明日期，不定时进行查验，切不可使他们失职。

当柴用的耕田稻草，如果不够，就在收获稻谷的时候另割一些草，用船运回来，堆积在隔着河的树下。如有空闲地方，务必储足一年之需才能行。如果用银钱买柴，必然会很快就困乏了，怎么能常买呢？

蔬菜分给各人在园内种植，分畦浇灌，分别考核其收成。某人种的某处，某人种的某物，随

常取决于老农。

池塘养鱼，须要供粪草，筑塘墙（堤岸围墙）。桃李荔枝，培泥铲草，人无遗（保留）力，则地无遗利（土地得到充分利用）。各派定某管某处，开列日期，不时查验，毋令失业。

柴用耕田稻草，如不足，即于收获时并工割取，用船载回，堆积隔溪树下，如空闲去处，务（务必）足（足够）一岁之用而后已。若用银买柴，必立见困乏，岂能常给乎？

菜蔬各于园内栽种，分畦（qí。田园中分成的小区域）浇灌，各考（考核）其成（收成）。某人种某处，某人种某物，随时

加察，以验勤惰。家有余地，而买菜给_{供应}朝夕，彼冗食者_{闲散无事，坐吃闲饭的人}何事乎？

置田租簿_{账本}，先期开写某佃人_{承租人}承耕某土名田若干，该早晚租谷若干，如已纳完，或拖欠若干，各明书项下。如遇荒歉_{灾荒欠收的年景}，慎勿刻意取盈_{取足田租}。

妇主中馈_{家中供膳诸事}，皆当躬亲为之。凡朝夕柴米蔬菜，逐一磨算稽查，无令大过、不及。若坐受豢养_{饲养牲畜。豢 huàn}，是以犬豕_{狗猪。豕 shǐ，猪}自待_{看待自己}，而败吾家也。

大小僮仆，俱先一夕派定，明日某干某事，该某日完。每

时加以考察，检验谁勤劳谁懒惰。家里有多余的田地，却还要早晚买菜来吃，那些吃闲饭的人干什么呢？

设置田租账册，预先订约日期，开列写明某承租人承租某块田地多少，应该交纳早稻晚稻租谷多少，如果已经缴纳完，或者拖欠多少，都要在租契中所对应项目下一一写明。如果遇到灾荒歉收的年景，千万不要挖空心思逼租取谷。

家中的妇女要亲力亲为把饭菜做好。凡早晚的柴米蔬菜，要逐一细算、考察。不要使用过头或者不够。如果坐受供养，那就是把自己当成了猪狗看待，以致败坏我的家风。

大小童仆都要在前一天晚上分配好工作，明天谁干什么事情，应该什么时间干完。每天晚上要

让他们各自汇报，以考察他们勤劳还是懒惰。如果纵容他们养成懒散的习惯，不只是误了我们的家事，也会贻误他们的终身。

夕各令回报，以考勤惰。若纵容习懒，非惟_{不但，不仅是}误我家事，亦误彼终身也。

这段主要是规训在大家族群居生活过程中，须从管理点滴的生活细节入手，在家庭成员之间树立"劳动光荣，懒惰可耻"的理念。从勘验田地到池塘养鱼，从务农与经商的分工到租种契约的签订，事无巨细的叮嘱，反映出庞氏家训来源于生活、注重实际的特点。

考岁用

　　每年计合家大小人口若干，总计食谷若干，预备宾客谷若干，每月一次照数支出，各令收贮_{收藏储存}。务令封固_{牢牢封印加固}仓口，不许擅开_{擅自打开}，以防盗窃。其支用谷数，仍要每次开写簿内，候下次支谷之日，查前次有无余剩若干，明白开载查考。

　　每年通计_{总计}夏秋税粮若干、水夫民壮丁料若干，各该银若干，即于本年二月内照数完纳_{缴纳}。或贮有见银，或临期粜谷_{卖出谷物。粜tiào，卖粮食}，切勿迁延_{延后耽搁，延期}，累_{连累，拖累}本甲_{旧时户口编制单位，十户为一甲}比征_{屡次催征}。如遇编差_{顺次当差}，先计用银若干，

　　每年要统计全家大小人口总数，总计消耗食谷多少、预备接待宾客用的谷物多少，每月一次，按数额支出，各家都要收藏储存好。务必要牢牢封印加固仓口，不许擅自打开，以防盗窃。所支用谷物数量，仍要每次记在册子上，待到下次支出谷物时，要查看上一次的有多少剩余，明晰记载以便查考。

　　每年要统计夏秋两季粮税多少、水夫及壮丁费用多少，计算清楚要支付多少银两后，在每年二月内按照数量要求缴纳完毕。或家中储存有现银，或者届时出卖谷物，但切勿耽搁，以致拖累甲长。如果出徭役，先计算用银

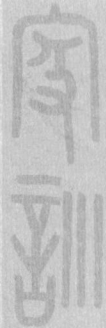

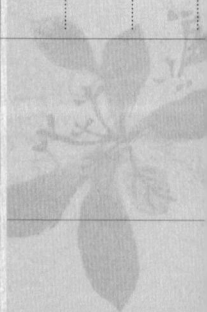

数量，做好积存的预算，以备急用。如果到了急迫之时再做这些准备，或者向别人去借贷，则离倾家荡产就不远了。

预算积贮，以备应用。若待急迫而后图之，或称贷_{举债}于人，则荡覆无日矣。

该段主要是讲家庭应当如何理财。强调要根据家庭人口数量，科学分配和储备粮食。家庭用度要有明晰的账目，年初有预算，年终有决算，凡事预则立不预则废，如果没有长远的战略谋划和储备，一遇到紧急情况就去找人借贷，那么家庭早晚要败亡。

女子六岁以上，岁给吉贝_{指棉花}十斤，麻一斤；八岁以上，岁给吉贝二十斤，麻二斤；十岁以上，岁给吉贝三十斤，麻五斤，听其贮为嫁衣。妇初归_{媳妇初入婆家}，每岁吉贝三十斤，麻五斤，俱令亲自纺绩_{纺纱绩麻。绩 jī，绩麻，把麻纤维拧成线}，不许雇人。丈夫岁月麻布衣服，皆取给于其妻。吉贝与麻，各计每年计若干，皆令身自为之，不许雇人纺绩。惟僮仆衣巾，随时买给。

租谷上仓_{入库}，除供岁用及差役外，每年仅存十分之二。固封积贮，以备凶荒_{灾荒}。如出陈易新，亦须随宣补处。

置岁入_{一年收入的总和}簿一扇_{量词}，凡

女孩子过了六岁，每年分给吉贝十斤，麻一斤；过了八岁，每年分给吉贝二十斤，麻二斤；过了十岁，每年分给吉贝三十斤，麻五斤，准许她们收藏将来制作嫁衣。儿媳妇刚进门，每年分给吉贝三十斤，麻五斤，都应让她们亲自纺织，不许雇人。丈夫日常穿的麻布衣服，全部都要由妻子做好。吉贝和麻，要计算好每年的需求量，都让他的妻子亲自去做，不许雇用他人纺织。只有僮仆的衣布可以随时买给他们。

租谷入仓库，除了供年用及应付差役外，每年只要留存十分之二。要牢固封藏好，以备灾荒所用。如果旧粮出仓换新粮，也必须随时补上缺口。

置一本记载每年收入的账簿，

凡是一年之内收到的钱粮谷物，按照年月日的顺序，一项项开列明细，每两个月结算一次总数。全年的经费要量入为出，务必保存一点盈余，不许乱用。

　　置两本记载每年支出款项的记账簿，一本是公共费用账簿，凡是各种花费都要记上；一个是礼仪账簿，主要记载往来庆祝、吊唁、祭祀和招待客人的花费。每月结算一次，总数写在左边，不许涂改或遗漏。

岁中收受钱谷，挨顺月日，逐项明开，每两月结一总数。终年经费，量入为出。务存盈余，不许妄用。

　　置岁出簿二扇，一扇为公费簿，凡百费皆书；一扇为礼仪簿，书往来庆吊祭祀宾客之费。每月结一总数于<u>左方</u>账本的左栏，不许涂改及<u>窜落</u>散落。

评析

这里讲的是财物的用度及记录事项。庞氏要求根据年龄的不同，每年要给予家中女孩子一定量的吉贝和麻，让她们妥善保存以用作未来出嫁时的嫁妆。新媳妇进门，每年要给一定的吉贝和麻，但要让她们亲自纺织，不许雇人。家里丈夫的衣服都要由妻子来做。只有僮仆的衣服可以随时购买。所谓"一粥一饭，当思来处不易；半丝半缕，恒念物力维艰"，持家之道，在于柴米油盐日常用度的精打细算。《庞氏家训》中特别注重家庭经费的科学使用，力求做到生产、积累和消费都能兼顾，不任意而为，这对于今时今日家庭的"财商"教育仍有启发意义。

《中华十大家训》

庞氏家训

卷三

見富貴而
生諂容者
最可恥

見富貵而
生谄容者
最可耻

遵礼度

冠礼_{男子成年礼}婚礼，各量力举行。丧葬送终为大事，礼宜从厚，亦当称家有无_{和家庭的经济状况相称。}一切繁文及礼所不载者，通行裁革_{裁撤革除。}

男女议婚，必待十三岁以上方许行聘礼，恐时事变更，终有后悔。

祠堂岁祭_{过年时候的祭祀}、忌祭_{亲人忌日的祭祀}，备先期经理_{打理，料理}，当日昧爽_{拂晓黎明时候}举行，仪节遵家礼及祠堂事宜。

安葬惟附棺之物_{随葬品}，务求坚久。若修坟限于力，不必强也。古人托足_{指死后安葬}山丘，不欲后世复知其姓名，其意远矣。

导读

男子的成年礼、婚礼要量力而行。丧葬送终是大事，礼仪应当厚重些，但也应该与家庭的经济状况相称，一切繁文缛节及礼书上没有记载的，都要革除。

男女谈婚论嫁，必须等过了十三岁才能行聘礼，主要是怕时事变化，最终会有反悔。

祠堂过年的祭祀、忌日的祭祀等，要提前准备打理，在当天拂晓时举行，仪式遵循家族礼仪和祠堂的规矩。

安葬亲人的棺木及随葬品最好能够坚固持久。如果修坟限于财力人力不足，不必勉强。古人选择在山丘中长眠，不想让后世再知道他们的姓名，是有深意的。

扫墓应当在清明节、重阳节举行，但各山路程远近不同，势必难以一起举行，须错开日子进行祭祀活动，或走旱路，或乘船走水路。祭祀活动全要遵照历年的旧规，合计用桌席多少，人力多少，各种物品用具多少，每年银两多少，各自登记以备查考。

新媳妇刚进门，只拜谒祠堂，拜见公婆和本房有较近血缘关系的亲属，不能再见其他外姓亲戚。

生日不破费娱乐，自古被奉为美谈。除六十岁以上的老人外，子孙应为父辈祖辈举杯祝寿之礼不能废除，其余的人都不能借此名义大吃大喝。如果不是父母俱存，而摆宴享乐，忘怀父母，是最为不孝的行为。

墓祭皆当于清明、重阳日举行，但各山远近不同，势难兼举，须分日致祭，或由路，或从船。俱查照历年旧规，合用桌席若干，人夫若干，各色器用若干，每年用银若干，各登簿查考。

娶妇初归，惟谒[谒 yè。拜谒]祠堂，见舅姑[公婆]，次及本房有服[宗族关系在五服之内。即高祖父、曾祖父、祖父、父亲和自身五代。指有较近血缘关系的亲属]亲属，不得概见他姓诸亲。

生日不为乐[庆祝作乐]，自古称为美谈。除六十以上，子孙为其父祖称觞[举杯祝酒。觞 shāng，古代酒器]，礼不可废，其余不可借此豪饮。若非具庆[指父母双亲俱存]，而宴乐忘亲，尤为不孝。

该段主要对家庭在从事婚丧嫁娶等仪典时的规格和标准作了规定。无论是成年礼、婚礼还是葬礼都必须量力而行，与家庭的经济状况相称，摒弃一切不必要的繁文缛节。祠堂祭祀要遵照家族礼仪规范。嫁娶的聘礼、吊丧的祭品都要有数量的明确规定。所谓"慎终追远，民德归厚"，从一个家族对于婚丧嫁娶的态度可以看出这个家族的整体精神品格。"丧葬送终为大事"，但仍要体现以人为本、量入为出的理念，既要保证相关礼法的庄严完整，又不提倡铺张浪费而"死要面子活受罪"。

小男孩五岁要念《训蒙歌》，不许纵容其矫情任性；小女孩六岁要背诵《女诫》，不许迈出闺门。如果经常给他们吃果饼恣纵他们的欲望、戏谑娱乐使他们性情放荡，长大后变得凶狠，这都是由此开始的，所以要及早禁止并加以预防。

待客菜不能超过五道、汤果不超过两种，酒饭根据情况而定。

出嫁迎娶都不用糖梅，女子受聘及出嫁，子弟下聘礼，均不必送贺礼。

吊丧只用香纸，不用面巾果酒。吊客只需要奉茶一杯即可退出。五服之内的亲戚就不一一邀请了，不送祭祀用的肉。

所费的礼仪，全都折算成银两。如该用一个猪头，就折合银子一钱；用双鹅、酒，折三钱银子；羊、酒，折五钱银子；猪、酒，

童子年五岁诵《训蒙歌》，不许纵容骄惰 骄纵和懒惰；女子年六岁诵《女诫》，不许出闺门。若常啖 dàn。吃 以果饼恣其欲 任由欲望放纵，娱以戏谑荡其性 任由性子胡来，长而凶狠，皆从此始。当早禁而预防之。

待客，肴不过五品 种，汤果不过二品，酒饭随宜。

嫁娶不用糖梅，女受聘、出嫁，子弟行聘礼，俱不贺。

吊丧只用香纸，不用面巾果酒。吊客一茶而退。服内 五服之内 不具请，不送胙 zuò。祭祀用的肉。

交际礼仪，俱用折乾 以钱代替实物。如合用猪头，则折银一钱；用双鹅、酒，三钱；羊、酒，五钱；

猪、酒，一两。此外另封银二分作果、酒礼，其受与否及酬答，各从其便。若本乡行礼，俱折银二分。酬礼四人共一桌，若遣礼而不及赴席，原封送还。右四款已入乡约通行。

折一两银子。此外，要另外再封银二分作为果、酒礼，至于人家接受与否或者如何酬答各从其便。如果本乡之人行礼，都折合银钱两分。酬礼席一般四个人一桌，如果别人送了礼却没到场，礼金要原封不动退还。以上四条都已经被纳入乡约通行了。

评
析

教育家族子女养成阅读诗书的好习惯，进行规范化管理，有助于避免大家族成员之间物质享受的攀比之风。但该段中也有部分歧视女性的内容，比如强调女子应该"大门不出二门不迈"，这些当然是应当批判的封建糟粕。

禁奢靡

子孙要穿布衣吃素食，只有在祭祀和宴请宾客的时候才允许饮酒吃肉，暂时穿上新衣服。能够幸免于饥寒就足够了，怎敢以吃穿不好为耻辱呢？如果一个人能承受手持背负的劳苦，有自理能力，就不必请人供他使唤。不为他人役使已经很幸运了，怎敢使唤别人呢？一尺布、半文钱也不敢浪费使用，这样或许不至于挨饥受寒。

亲戚间每年的馈赠慰问最多不过两次，每次用银钱最多不过一钱，相互往来，都要以注重节俭为贵。如果有超过标准的，谢绝不要接受。其他节庆或者吊唁活动，遵循风俗举行，不受这个规定限制。

子孙各要布衣蔬食，惟祭祀宾客之会，方许饮酒食肉，暂穿新衣。幸免饥寒足矣，敢以恶衣恶食为耻乎？他如手持背负之劳，力能自举，不必倩人请托别人。倩 qìng，请，央求，使供使令之役。幸不为人役足矣，敢役人使唤人乎？尺帛、半钱不敢浪用，庶几不至于饥寒。

亲戚每年馈问馈赠慰问，多不过二次，每次用银，多不过一钱，彼此相期来往，约会，皆以俭约为贵。过此者，拒勿受。其余庆吊庆贺与吊唁，循俗举行，不在此限。

勤俭持家，与人为善，这是很多中国家训的核心价值。在宴请宾客、亲戚走动、节庆吊唁等活动中，尤其要注意避免浪费。

待客品物，本有常规。如亲友常往来，即一鱼一菜亦可相留。司马温公_{即司马光}曰："先公为郡牧_{郡的行政长官}判官_{辅理政事的僚属}，客至未尝不置酒_{陈设酒席}，或三行，或五行，不过七行。酒沽于市，果止梨栗枣柿，肴止脯醢_{fǔ hǎi。佐酒的菜肴。脯，干肉；醢，肉酱}菜羹，器用磁漆。"当时士大夫皆然。会数而礼勤，物薄而情厚。今后客至，肴不必求备，酒不必强劝，淡薄能久，宾主相欢，但求适情而已。本房人众，客至欲遍请，恐力不能及，听临时轮流请陪，以省繁费。各不得视彼此为厚薄_{指亲疏远近}，致相猜嫌_{猜疑、嫌隙。}

接待客人，原来就有规定可循。如果是经常往来的亲友，就是一条鱼、一道菜也可以留其吃饭。司马光曾说过："我父亲原来当判官时，有客人来了没有不摆酒的。或者三道菜，或者五道菜，最多不过七道菜。酒到街市中买，果品只限梨、栗、枣、柿子，菜肴就只下酒的肉干、肉酱及菜汤，用简朴的磁漆餐具。"当时的士大夫都这样。经常见面且礼数周到，礼品微薄但感情深挚。今后客人来了，菜肴不一定都要丰盛，不必强劝酒，交往淡薄一点儿才能够长久，宾主相互满意，适合情谊就可以了。家族人多，客人来了每次都普通邀请出席，恐怕财力不允许，最好是听从安排临时轮流作陪，以此减少费用。但在轮流招待时，不能厚此薄彼，以致相互产生嫌隙。

亲友往来，拜帖、礼帖、请帖、谢帖都用单页请束即可，不用搞卷筒密封。

酿造酒，先要计算每年总共要用多少，合计多少银两，要有十分之一二的盈余，以备其他费用，各自要登记在册以备查考。如果喝酒，不许喝醉。不仅因为酒后会乱性，而且也伤身体，很多人死于饮酒，应引以为戒。

亲友往来，拜帖、礼帖、请帖、谢帖，俱单束，不用封筒。

造酒，先计每年合用若干，计用银若干，量存一二盈余，以备他费，各登簿查考。若饮酒，不许沉醉。非惟乱性，抑亦伤生，世多死于酒，可鉴也。

评析

此段通过对家庭的礼宾待客做出明确规定，深刻阐明了何谓"待客之道"——并非一定要大鱼大肉、烂醉如泥，才能体现出热情好客。真正的待客之道，恰在于《庞氏家训》倡导的"物薄而情厚""适情而已"。奢靡之风是居家过日子的大忌，无论何时都要力戒。这段内容对于当今盛行的大吃大喝、奢靡之风无疑是一个巨大的警示。

严约束

子孙各安分循理，不许博弈赌博、斗殴、健讼喜好打官司及看鸭此意未明。待考，私贩盐铁，自取覆亡之祸。

田地财物，得之不以义，其子孙必不能享。古人造钱繁体字为錢字，一金二戈，盖言利少而害多，旁有劫夺之祸。其聚也，未必皆以善得之，故其散也，奔溃四出，亦岂能以善去？殃yāng。祸害其身及其子孙。"多藏必厚亡"，老子之名言，信矣。人生福禄自有定分，惟择其理之所当为，力之所能为者，尽其在我。俟命于天听天由命。俟sì，等待，此心知足，虽蔬食菜羹，终身有余乐。苟如果

子孙各自要安分守己，通情达理。不能赌博、斗殴、争讼以及看鸭、私贩盐铁，以免自取覆亡之祸。

田地财物如果来路不正，子孙必定不能长久享受。古人造"钱（錢）"字，一金二戈，可能就是意指利少而害多，隐伏着被劫夺之祸。钱得来时，未必是用正当的途径得来，所以一旦花去，奔溃四出，又怎么会用在正当的地方？必然殃及自己和子孙。所以老子有句话"钱积聚得越多灾祸就越大"，确实如此啊！人一生的福禄自有定数，只要按道理做应当去做的或做力所能及的事情，完全在于自己。听从天命，内心知足，即使是蔬食菜汤，一辈子也有不少的快乐。如果不知

轻重，千方百计追求满盈，就算欺天骗人也不顾，哪有不灭亡的呢？如果能够勉强过日子，不让子孙忍受饥寒，那么此身之外就都是多余的东西，自己何必苦苦相求呢？

傲慢是很坏的品行。凡是以富贵或者学问为资本在人前骄傲的，都是自己作孽。即便是功德冠盖古今，那也是自己的分内之事，和别人有何关系？天道忌讳盈满，唯有谦虚可以使人受益。我历经朝廷、家里内外世事，对这些深有体会。

不知分量，曲意求盈，虽欺天罔人_{骗天骗人。罔 wǎng，蒙蔽}而不顾，有不颠覆者乎？若能勉给岁月，不以饥寒遗子孙，此身之外，皆为长物_{多余之物}，何自苦为？

傲，凶德也。凡以富贵学问而骄人，皆自作孽耳。即使功德冠古今，亦分内事，何与于人。天道恶盈_{总讳盈满}，惟谦受益。予阅历中外，备尝之矣。

评析

该段主要针对家庭成员的个人品德做出具体要求。要求子孙安分守己，不要做那些自取覆亡的事情。"君子爱财，取之有道。"庞氏强调，田地财物如果来路不正，子孙不但不能享受，还会遭受祸害。人一生的福禄自有定数，只要做一些按道理应当去做或力所能及的事情就行了，剩下的交给老天爷来决定。内心要知足，安宁。满招损，谦受益，如果不守本分，坑蒙拐骗求富贵，必然要家破人亡。

立妾为嗣续^{繁衍子嗣。嗣 sì，后代，子嗣}计，必不可已^{不得已}而后为之。嫡庶^{嫡出和庶出。正妻为嫡，正妻所生的子女谓嫡生、嫡子，即正宗之意；妾所生子女即为庶出}不同心，兄弟不同母，其间抵牾^{抵触，矛盾。牾 wǔ，逆，不顺}难尽言。若用情稍偏，则是非蜂起，其流祸蔓延于子孙。或因而荡覆其家者亦多有之，此不可不慎图也。

病从口入，祸从口出。凡饮食不知节，言语不知谨，皆自贼^{伤害}其身，夫谁咎^{怪罪}？

修斋、诵经、供佛、饭僧，皆诞妄^{荒诞虚妄}之事。而端公^{又称神汉。指从事迷信活动、施行巫术的人，一般指男性}、圣婆^{此指神婆。即从事迷信活动，装神弄鬼替人治病、祈祷的女巫}，左道惑众，尤王法所必诛也。凡僧道师巫，一切谢绝。不许惑

纳妾是为了繁衍子嗣，必须是万不得已才这么做。妻妾不同心，兄弟不同母，其间矛盾很难说尽。如果做家长的稍有偏心，是非会像群蜂纷纷而起，祸患蔓延子孙。因这个缘故而倾家荡产的例子也有很多，因此不可不慎重考虑。

病从口入，祸从口出。凡是饮食不知道节制，说话不知道谨慎的，都是自己伤害自己，又怪得了谁？

持斋、诵经、供佛、招待僧人，都是荒诞虚妄的事情，而端公、圣婆，左道旁门妖言惑众，更是王法所必须讨伐的。所有僧道巫师，要一概谢绝。不许迷惑于妇

人和世俗的浅见。

男人耳根子软，往往偏听偏信妇道人家的话，兄弟离间，争长比短，仇怨矛盾自然就产生了。所以媳妇一进家门就应该告诫禁防。古人说"教子应从婴儿始，教妻应在初来时"，就是说预防要早。

看人家起卧的早晚，便可知其家道的兴衰，这是先哲的格言。家中不论男女都应该天没亮就起床，晚上一更后才可休息，不得马虎放任，否则终将受饥寒之苦。

如有故意违背家训的子孙，要聚集族人，将其拘押至祠堂，告于祖宗，重重责罚，劝导其反省改正。如果有抗拒不服以及屡犯不改的，那是自我毁灭。

于妇人世俗之见。

男子刚肠〔指刚直的气质〕少，常偏听妇人言，离间骨肉，争长竞短，嫌隙横生。妇初入门，当先谕〔yù。劝勉，晓喻〕人而禁抑之。"教子婴孩，教妇初来"，言当防之于早也。

观人家起卧之早晚，而知其兴衰，此先哲格言也。凡男女必须未明〔天不亮〕而起，一更〔相当于现在的晚七点到九点〕后方许宴息〔休息〕，无得苟安放逸，终受饥寒。

子孙故违家训，会众拘至祠堂，告于祖宗，重加责治，谕其省改。若抗拒不服，及累犯不悛〔quān。悔改〕，是自贼其身也。

评析

通过纳妾来繁衍子嗣当然是封建糟粕，但也应该从中看到庞尚鹏对于保持家庭结构稳定的深远思考，他看到了由纳妾导致的嫡出庶出的矛盾是很多家族覆灭的根源。他还颇有见识地指出，家里面禁止搞神神鬼鬼、念经拜佛等迷信活动。这在古代社会是难能可贵的。

到天黑要关门，不许夜出。世间情况难测，应该防备非常事情发生。如果会客也须早散早归，不陈设灯烛。大冷天、大热天更应该让厨房人员早休息。

僮仆满14岁后就不允许进入后厅。家里内外传递信息要击云板或木鱼为号。

世世代代在乡间居住，都有固定的产业。子孙不许搬家。住在省城三年后，人们就不懂农桑了，住十年后，就会忘了宗族。骄奢懒惰，游手好闲，人被环境改变，很少有能自拔改正的。我曾说，在乡间居住有十种好处。只有躲避盗寇时才可暂时寄居城中。

内外房间、厅堂、门口、胡同以及桌椅要每天黎明开始打扫、擦拭。如果门庭荒草丛生、污秽不堪，桌椅乱放，这是家庭衰败

遇昏暮黄昏，傍晚即闭门，不许夜出。世情难测，宜备非常。如会客亦须早散，不设烛。大寒、大暑，尤当体息体恤厨下人。

僮仆十四岁以上，不许入后厅。凡内外传呼，击云板两端作云头形的铁质（或木质）敲击响器或木鱼。

累世世世代代乡居，悉有定业。子孙不许移家。住省城三年后，不知有农桑；十年后，不知有宗族。骄奢游惰，习俗移人，鲜有能自拔者。予尝言乡居有十利。惟避寇方许暂寓暂时寄宿城中。

内外房堂门巷及椅棹zhuō。同"桌"，俱每日黎明扫除拂拭。若门庭芜秽wú huì。荒草和污秽，几案纵横，此衰

家_{家庭衰败}之兆也。务令轮流打扫，不许推托有辞。

厨人、司事，早食不得过辰时_{上午七点到九点}，晚食不得过申时_{下午三点到五点}。每晚先将铁锅及合用器具，逐一洗涤收置，次早黎明而起，即点茶炊饭，不觉烦难乃能及期_{到时候}而举。早晚厨间俱不许用灯火，非徒欲省烦费，且恐昏昧不洁，以致饮食伤人。此事虽小，然于养生一节，所关甚大。况家人各有常业，终日勤苦，而饮食不如期_{按期，按时}，岂存恤之义哉？若有故违，先将首事者斥责，以儆_{jìng。使人警醒，不犯错误}其余。

之兆。务必要让人轮流打扫，不许借口推脱。

厨人、管事早餐不得过七点，晚餐不得过五点。每天晚上要先将铁锅和公用灶具逐一洗涤收置好，第二天黎明起床后就开始煮茶做饭，不怕麻烦困难，才能够按时做好供应。早晚厨房里都不许用灯火，不只是图省钱，主要是怕灯光昏暗食物做得不清洁，以致食物不洁净伤人。这件事情虽小，然而对于养生来说，关系很大。况且家里的人各自都有自己的事情，每天勤劳辛苦，如果再不能够按时饮食，哪还有一点体恤之意？如果有违反的，先要将首要责任人斥责，以警示其他人。

评
析

《庞氏家训》尤其重视通过对扫除、做饭、起居等日常活动的规范性引导来强化家族子孙的自律意识。所谓"一屋不扫何以扫天下",平凡小事最能磨炼心性,这对于当前基础文明养成教育如何落细、落小、落实有很大的借鉴意义。

每月初十、二十五二日，凡本房尊长卑幼，俱于日入时为会，各述所闻。或善恶之当鉴戒，或勤惰之当劝勉，或义所当为，或事所当已_止者，彼此据己见，次第言之。各倾耳而听，就事反观_{反省}，勉加点检，此即德业_{德行与功业}相劝、过失相规之意。其会轮流主之，先派定日期，某系某日，如遇有事，请以次日代之。主会者只用点茶，不得置酒。若本日有祭祀宾客之会及有他冗_{其他繁杂的事。冗rǒng，忙，多余}，或遇大寒暑、大风雨，则暂免。其无事不赴会，此即自暴自弃之人。会所不必拘_{拘泥于某个地方}，惟便

每月初十、二十五两天，所有本家族的人，不论地位辈分高低，男女老少都要当天准时参加会议，各自介绍自己的所见所闻。或者是哪些好事坏事应当镜鉴戒除，或者是哪些勤劳懒惰应当规劝勉励，哪些是应当做的，哪些是不应当做的，彼此各抒己见，依次发言。每人都要认真倾听，根据每件事情认真反思，有则改之无则加勉，这便是德行与功业要相互鼓励、过错与疏失要相互劝勉的意思。会议由家庭成员轮流主持，先要定下会期，某人那一天有事不能主持，就请下次的主持人代劳。主持者只许提供茶水点心，不得摆酒。如果当天有祭祀、会见宾客等活动，或者遭遇大冷大热、大风大雨，就可以暂时不开。那些无事却不肯赴会的，就属于自暴自弃。开会的场所不必拘泥于某个地方，只要便于聚

拢交谈就好。开会选在傍晚时分，因为那时候最多闲暇。千万不能聚到夜深，长时间坐着恐怕发生意想不到的事情。

　　和小门小户的妇女来往要注意，她们喜欢搬弄是非，窥探偷窃饮食，甚至或者诱惑祷告算卦，煽动蛊惑家庭妇女，进而盗窃或者诈骗财物。要不时盘问，如果有无故和这些妇女往来的，重重惩治以禁绝再犯。

于聚谈为贵。会必薄暮傍晚，谓其时多暇也。切不可夜深，久坐恐有不虞意料不到、出乎意料的事。虞 yú，预料。

小家低微人家，平民之家婆妇往来，类多簸弄搬弄，玩弄。簸 bǒ。是非，窥窃饮食，甚或诱惑祈卜祷告，卜算。祈 qí，向神求福；卜 bǔ，占卜，古用火灼龟甲，看灼开的裂纹以预测吉凶的行为、煽惑妇女，因而盗骗财物。当不时诘问盘问。诘 jié，如无故往来者，重治而禁绝之。

评析

《庞氏家训》中定期召开家庭会议的做法，颇值得今人借鉴。所谓"从善如登，从恶如崩"，好的家庭生活习惯往往要长期养成，而堕落下去则会很快。所以适时开展家族范围的批评与自我批评非常必要，有助于弘扬儒家哲学"三省吾身"的精神，在家庭内部树立正确的金钱观、劳动观、亲情观。

崇厚德

骨肉天亲，同枝连气，凡利害休戚，当死生相维持。若因财产致争，便相视如仇敌，及遭死丧患难，反面^{掉头}不相顾，甚于路人。祖宗有灵，岂忍见此。良心灭绝，马牛而襟裾^{马牛穿着人的衣服。意为衣冠禽兽。襟裾 jīn jū，衣的前襟和后襟。借指衣裳。}人祸天刑^{天的法则，}，其应如响。愿子孙以此言殷鉴^{殷人灭夏，殷人的子孙应该以夏的灭亡为鉴戒。后泛指可以作为后人鉴戒的前人失败之事}。

处宗族、乡党、亲友，须言顺而气和。非意相干^{意外的无故冒犯}，可以理遣^{从事理上得到宽解}。人有不及，可以情恕。若子弟僮仆与人相忤^{wǔ。逆，不顺从}，皆当反躬自责。宁人负我，无我负人。彼悻悻然^{怨恨失意貌，刚愎傲慢貌。悻 xìng}怒发冲冠，讳短^{忌讳自己的短处。讳 huì，避忌。有顾忌不敢说或不愿说}

骨肉亲人，同气连枝，凡是关系到休戚与共的利害，都要相互生死扶持。如果因为财产纷争而导致相视如仇敌，等到遭遇死丧患难，翻脸不顾，比陌路之人还过分。祖宗有灵，岂能忍心看到这一幕？人如果良心灭绝，那就是衣冠禽兽。人要是到处为祸，天自然要处罚他，报应不爽。但愿子孙以此言为殷鉴。

和宗族、乡党、亲友相处，要言语平顺、心气随和。无意的冒犯可以遣之以理。别人有做得不到的地方，可以多加宽恕。如果子弟僮仆和别人有了冲突，都要先反思自己的过失。宁肯别人对不起我，我不会对不起别人。对方如果恼怒不平、怒发冲冠，

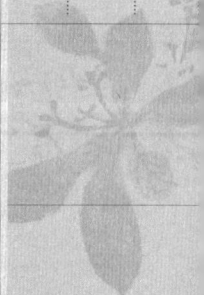

护短争胜，这是加速招祸。如果对方蛮横无理，难以忍受，要多想想古人的遭遇有比这更糟的。只要保持雅量，宽容以对，自然就能消除对方的狂傲暴戾之气。

以求胜，是速祸也。若果横逆难堪，当思古人所遭^{遭遇}，更有甚于此者。惟能持雅量而优容^{宽容，宽假}之，自足以潜消^{暗中消除}其狂暴之气。

放债切不可违例深求，或准折人子女田地，及利中展利。

论人惟称其所长，略其所短，切不可扬人之过。非惟（不但，不仅）自处其厚（语出老子《道德经》："是以大丈夫处其厚不处其薄，居其实不居其华。"大意为：大丈夫处世要厚道不要浮薄，要实在不要虚华），亦所以寡怨（无怨）而弭祸（减少怨恨，消弭灾祸。弭mǐ，平息，停止，消除）也。若有责善（劝勉从善）之义，则委曲道之，无为已甚（适可而止，不能过分。已甚，过分）。

雇工人及僮仆，除狡猾顽惰斥退外，其余堪用者，必须时其饮食，察其饥寒，均其劳逸。陶渊明曰："此亦人子也，可善遇之。"欲得人死力（最大的力量，全力），先结其欢心。其有忠勤可托者，尤宜特加周恤（周济，接济），以示激劝。

放债切不可违反常例过分逐利，或者把别人的子女和田地抵债，以及利上加利。

评论他人，多说人的优点，忽略别人的短处，千万不能把别人的过失到处宣扬，这不只是自己做一个厚道人的本分，也是减少怨恨、消除灾祸的良方。如果需要批评劝勉他人，则应委婉地说出来，切不能说得太过分。

雇工和僮仆，除了狡猾、顽劣、懒惰的要斥退之外，其余堪用的必须按时供应其饮食、体察其饥寒，合理分配劳动。陶渊明说："这也是别人的儿子，要善待人家。"如果想人全力为你效命，要先结其欢心。如果其中有忠诚勤劳可以交付重托之人，尤其要特加周济与体恤，以示激励和劝慰。

评
析

谈及他人，要多说好话，少说坏话。所谓"来说是非者，便是是非人"，人与人之间的矛盾，多半和言语有关。倡导对待雇工、僮仆、佃户要嘘寒问暖，热心帮助，体现出古代社会士大夫阶层对普通劳动者的人文关怀。

慎典守

蒸尝 祭祀名。蒸,冬祭;尝,秋祭。后泛指祭祀 房屋、田地、池塘,不许分析 分割。析,分开 及变卖。有故违者,声大义攻之,摈斥 排斥 不许入祠堂。

坟茔 坟墓,坟地。茔yíng 刊刻图本,不时修葺,加意防护。山邻及守山人须厚待之。

书籍为人家 家族,家庭 命脉,须置簿登记,依期晒晾,束之高阁,无令散失,以全先人手泽 手汗。意为先人或前辈的遗墨、遗物等。

画册、图本、轴头 装裱材料、器皿各项,俱用木柜收贮。另设一簿,逐件登记。有借去者,即书浮签贴项下,送回则掣 chè。抽掉 之。

海邦多盗,凡衣物戒慢

祭祀用的房屋、田地、池塘,不能擅自分拆变卖,如有故意违反者,家族成员要伸张大义予以指责,排斥他不许入祠堂。

坟墓位置要刊刻成图本,经常修葺,小心防护。要厚待山里居民和守山人。

书籍是家族的命脉,要登记造册,按时晒晾,摆放在高高的书架上妥善保存,不要让它们分散丢失了,以保全先人的遗物。

画册、图本、轴头、器皿等各种东西,都要用木头柜子收纳贮存。另外要设一个册子,逐一登记。有人借阅,就写一浮签贴在该项下,归还时再撤掉。

沿海地区盗贼较多,凡是衣

物钱财要妥善保管，门院要严加防范。事先筹划对策，居安思危，如果发现可疑情况，都应及早明察并预先做出防备，想方设法保全好。

城里的房屋、池塘，每年的管理需要有专人，仍要加强戒备以防不测，严加防察。

藏^{疏于治理或保管}，门庭慎封守。先事筹画，居安思危，如有踪迹可疑，皆当早察而预待之，曲^{详尽}为万全计。

城中房屋、池塘，岁时^{一年、四季}典守^{主管、保管}，切须得人，仍要戒备不虞，严加防察。

评析　《慎典守》段主要对家居用品的储藏保管作了规定。俗话说"不怕一万，就怕万一"，再大的家业也要防火防盗防意外发生。大到房屋、鱼塘的管理，小到一本书、一件衣服的储存都要严格依照规章制度执行，这种"小心驶得万年船"的思想是古代中国农业社会尤为看重的"传家宝"。

端好尚

子弟立身，非惟颠[同"癫"]狂灭义，淫纵伤生，当刻骨痛戒，即嗜好之偏，如广交延誉[通过广泛交往来扩大自己的声誉]；避事耽闲[逃避事情落得清闲。耽 dān，沉溺、入迷]；溺琴棋、聚宝玩、购字画、乐歌舞，此皆丧志之具。彼自谓放达[不拘礼俗]清流[负有名望的高士名流。喻指德行高洁]，岂知其为身家之蠹[dù。蛀虫，蛀蚀]哉。

宗族、亲戚、乡党，有素重名义及多才多识、为人尊信者，须亲就请教，不时问候。如有家事缓急，可倚以相济，且常闻药石之言[比喻规劝改过的话。药石，指中医治病所用的药物、砭石。泛指药物]，阴受夹持[教育、帮助]之益。若交游非类，济恶朋奸[帮助坏人、交往奸人]，

子弟立身处，不只是颠倒狂暴有损大义，放纵淫欲伤害身体的事情要刻骨痛戒，嗜好过了头，如通过滥交朋友沽名钓誉；逃避事情，游手好闲；沉溺琴棋、收藏古玩、购买字画、迷恋歌舞等，这些都是让人迷丧心志的东西。他们还自诩为"放达清流"之士，岂知这些都是家庭的蛀虫。

对于宗族、亲戚以及乡里那些向来就注重名义、多才多识、受人尊敬信赖的人，要亲自拜访请教，不时问候。如果家里面有什么急事，可以依赖这样的人帮助，而且经常听见规劝改过的话，不知不觉就会受教育之益。如果交游往来的都不是正道中人，和奸人坏人为伍，是自掘陷阱啊。

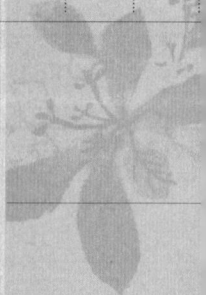

嫉贤妒能，厌恶听到正直的声音，等到家破人亡才后悔，就已经来不及了。

是自阱其身 _{自己害自己。阱 jǐng，捕野兽用的陷坑} 也。媢嫉 _{mào jí。嫉妒} 正人，厌闻正论，直待亡命破家而后悔，已无及矣。

评析　该段主要是倡导家庭成员要培养端正高尚的兴趣爱好。一个人的爱好就像一面五光十色的镜子，映照出雅俗不同、荣辱自现的人生格调。在家庭教育中，注重培养子弟高雅、正派的兴趣爱好是《庞氏家训》的一大亮色。结交洁身自好、多才多识的人，是一笔宝贵的财富。沉迷于琴棋书画、金石古玩看似是无伤大雅的小爱好，但如果不加节制，必然会本末倒置，荒废耕读。对照《庞氏家训》，联想当前要求党员干部要有健康向上的"爱好观""交友观"，不得不叹服古人治家的先见之明。

士农工商，各居一艺。士为贵，农次之，工商又次之。量力勉图，各审 清楚，明白 所尚 喜好，皆存乎其人耳。予家训首著士行 士大夫的操行，余多食货 财货经济 农商语，皆就人家日用之常，而开示途辙 喻行事所遵循的途径或方向，使各有所持循。若该载未尽，当就善言而推广之。

处身固以谦退为贵，若事当勇往而畏缩深藏，则丈夫而妇人矣。古人言若不出口，身若不胜衣，及义所当为，虽孟贲 战国时力大无穷的武士 不能夺 改变意志决心，此以义为尚 尊崇 者也。事有权衡，其审图之。

士农工商，各有自己的定位。读书做官最为尊贵，务农次之，经商又次之。量力而为，审明自己的喜好，一切皆取决于他自己。我的家训首先明确士大夫的操行，其余的多为经济与农商方面的内容，都是根据日常家居生活来指点做事所遵循的途径或方向，使家庭成员各自有所坚持、遵循。如果我家训中所记载有未尽之处，应当针对其中的善言精神进行推广。

立身处世固然以谦虚退让为贵，但如果碰上应该勇于担当的事却畏缩退避，则身为大丈夫却像妇人一样了。古人话都好像说不出口，衣服都能把他压垮，但到了义所当为的关头，即便是孟贲那样的武士也不能夺其志，这就是把义看得极为崇高的人。所以事情要权衡审察，审慎谋划。

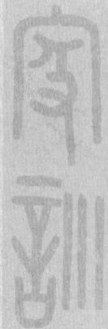

评析

　　对于士农工商的社会分工，《庞氏家训》认为，"士为贵，农次之，工商又次之"，不管从事何种职业都要量力而为，干一行爱一行。这体现出家训制定者"各审所尚""就善言而推广之"的初衷。家训并非是套在后世子孙头上的枷锁，而是导引子弟人生长路的精神航标。

祖宗遭家多难（遭遇家中不幸的事情），因乡人曲售其诬词，复有落井下石，阴嗾（背地里教唆别人做坏事。嗾sǒu，教唆）而中之者，乃竟负讼（打官司），卒于家。嗟嗟，吾祖饮恨九泉，每一念之，肝肠摧裂。今首祸及助虐之人，曾不再传，皆已灭门矣。予言及此，岂欲修怨（重拾旧怨）哉？示后人知家衅（xìn。事端、祸端）所从起，哀思不能忘耳。先考（对去世的父亲的称呼。先，含有怀念、哀痛之意，是对已死长者的尊称）少孤，数岁时，曾与家人负贩（担货贩卖）。及壮，为木商，虽寒暑风雨不避劳。会海贼发，有司（指官吏。古代设官分职，各有专司，故称）造战船，坐名督责，几于破家。比予入黉宫（学宫，学校。黉hóng，古代称学校），喜动颜色，而垂橐（指囊中空空。橐tuó，口袋）萧然。寻

祖父当年多灾多难，因为乡人搬弄是非，加上又有人落井下石，被人暗中算计而摊上官司，最后死在家中。唉！祖父饮恨九泉，每次一想起，我都肝肠寸断。如今为首作恶及助虐之人，没有再传儿女，已经绝后灭门了。我说此事难道是为了重拾旧怨吗？是要提醒家族后人，要知道这场家族变故是从何而起，寄托哀思不要忘记。先父从小是孤儿，几岁就跟家族人担货贩卖，长大后成为一名木材商，寒来暑往不辞辛苦。后遇海盗作乱，官府要制造战船，指名他督责，这几乎让家里破产。当我入学宫时，父亲非常高兴，尽管口袋里一无所有。

后来他奋力经营，到家族光景逐渐好起来他却去世了。百忧烦心，万事操劳，何曾享受过一天安逸的好日子。我小时候耕田种地，也是不辞劳苦，白天学习章句，傍晚回来浇灌田园，冬夏仅穿一件粗布衣服，又脏又破，也不更换，只有舅舅隔年资助给做件新衣服。我参加科举考试，曾经落第过，于是就隐居在寺院读书，整夜点一把火，艰辛万状，难以一一言表。如今你们这些子弟有多得被尘土覆盖、被虫蛀蚀的书，有多得被老鼠吃的粮，这从何而来？饱食安居，能不感念祖先的创业艰难、良苦用心吗？我自从罢官回家后，将财产尽数与弟弟们均分，不曾有一点儿的不公。都是为了恭敬继承先父的心愿，使后代子孙在

随后，不久 矢力 同心协力 经营，家渐饶而去世。百忧感心，万事劳形，何曾享一日安意之奉哉！予少时秉耒 bǐng lěi。扛着农具。秉，拿着持；耒，古代指耕地用的农具 躬耕，不辞劳役，昼习章句，暮归灌园，冬夏仅一粗布衣，非敝 破旧，坏 且垢 gòu。脏，不更为也，惟舅氏间岁以新衣佐给 资助 之。每就试 参加考试，尝落第于有司，屏迹禅林 隐居在寺院，经宿一举火，艰辛万状，诚难具陈。今尔子弟皆尘蠹 被尘土污染、蠹虫蛀坏。此意为书太多，都没有翻动过 书，余鼠粟，何从得之？饱食安居，独 岂，难道 不念先世创业之难，良工心独苦耶？予自罢归后，尽将财产与诸弟均 均分 之，未尝少有低昂 抬高或压低意不公平 ，盖祗 zhī。敬 承先考之心，使后之子孙，

尽力其中，皆足为向善之助，无忘先世遗泽_{留下的德泽}也。尝闻祖宗基业自勤俭中来，子孙享其成，则不知有勤俭矣。祖宗福泽自诗书中来，子孙承其荫，则不知有诗书矣。虽名族世家，后先济美_{在先人的基础上发扬光大}。子孙诵予言，其书诸绅_{语出《论语·卫灵公》："子张书诸绅。"意指把要牢记的话写在绅带上。后世多把牢记他人的话称为书绅}。

努力奋斗中，能有足够的向善的资助，不忘祖宗留下的德泽。我曾听说祖宗的基业从勤俭中得来，如果子孙坐享其成，就不知道勤俭了；祖宗的福泽从诗书中得来，如果子孙贪恋荫蔽，就不知道诗书了。即使是望族名门，后世子孙也要在先人的基础上把这些家训中的精神发扬光大。子孙要诵读这些家训，把我说的话牢记在心。

在家训的最后，庞尚鹏通过回顾家族祖先筚路蓝缕、艰苦创业的往事，提醒后人要"前事不忘，后事之师"，珍惜来之不易的幸福生活，不忘先辈创业的艰辛历程。知道"忆苦"才会"思甜"，学会"感恩"方能"济美"。他殷切希望家族子孙克承先人遗志，把家族艰苦奋斗、勤俭持家的精神发扬光大。

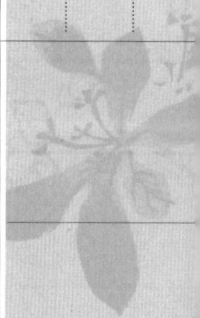

历代名家点评

乡间咸以为式。

——郭棐《庞尚鹏行状》

　　自来说家训者，必曰庞公。夫惺庵庞公之作家训也，大而纲常伦理，小而事物世故，靡不有训。理有大而必明，事虽小而必悉；根乎人情，允宜土俗；孝子慈孙，率履不越。是以世泽维新，家声不振，在南海遂称右族。

——霍殿邦《广东南海太原霍氏崇本堂族谱》卷三

了凡四训

中华十大家训

光緒癸巳重鐫

了凡四訓

後附惜字穀律救產真
言救生神呪經驗良方
板存鎮江善化堂

每部制錢八十文如有樂善諸君印送只收工料以廣流傳謹白

袁了凡先生四訓

立命之學

余童年喪父老母命棄舉業學醫可以養生可以濟
人且習一藝以成名爾父風心也後予在慈雲寺遇
一老者修髯偉貌飄飄若仙予敬而禮之語予曰子
仕路中人也明年即進學矣何不讀書予告以故曰
我姓孔雲南人也得邵子皇極正傳數該傳汝故萬
里相尋有何處可棲止乎予引之歸家告母母曰善
待之試其數悉驗予遂起讀書之念孔為予起數縣

〔明〕——袁黄

袁黄（一五三三—一六〇六），字坤仪，号了凡。江苏吴江县人。明万历进士。先后任宝坻知县、兵部主事。对天文、术数、水利、军政、医药等学，多所涉猎。崇尚程、朱理学。著有《了凡四训》《评注八代文宗》《袁了凡纲鉴》《两行斋集》《静坐要诀》《皇都水利》等。

《了凡四训》是袁了凡教导儿子袁天启所写的四篇家训,由"立命之学""改过之法""积善之方"和"谦德之效"四部分组成。家训通过叙述袁了凡本人的大半生经历——他曾相信一位姓孔的算命先生的话而被天命观所禁锢,后经云谷禅师指点,终于明白了祸福由人不由天的道理——告诫儿子,在行善积德之前,必须端正自己的心念,要发耻心、发畏心、发勇心将自己的缺点一一改正。在日常生活中,不应沉溺于浑浑噩噩的生活状态中,应当做一个"有心人",要不断地反观自身,反省自己言行,使之符合社会的道德准则。文中还列举了大量实例说明"积善余庆"的道理,从真假、端曲、阴阳、是非、偏正、半满、大小、难易各方面,对善行一一展开阐述,告知人们如何与人为善、爱敬存心、成人之美、劝人为善、救人危急、兴建大利、舍财作福、护持正法、敬重尊长、爱惜物命等。家训告诫儿子要谦虚谨慎、恭敬待人,并列举事例加以论证,进一步强调了"举头三尺,决有神明。趋吉避凶,断然由我"的处世之道。

　　袁了凡以其毕生的学问与修养,融通儒、道、佛三家思想,用自己的亲身经历,结合大量真实生动的事例,告诫儿子"祸福自己求",要自强不息,改造命运。同时还以自己用"功过格"记录善恶、加强道德修养的亲身体验,要儿子通过这种形式"日日知非,日日改过",多行善事,积善成德。

需要说明的是，家训中也有一些消极因素。如文中所言"善报"基本上都是指家族人丁兴旺、官员辈出，还宣扬了"不孝有三，无后为大"的封建孝悌观念，以及追求高官厚禄、光宗耀祖的观念。这需要我们辩证分析，摒弃其糟粕，借鉴其精华，为我们今天加强道德修养、升华道德境界服务。

　　本篇讲述了了凡先生改造自己命运的经过。他告诫儿子袁天启，命运是可以改变的，要自己把握住自己命运，并建立改造命运的信心。

余童年丧父，老母命弃举业学医，谓可以养生，可以济人。且习一艺以成名，尔父夙心也。

举业：为应科举考试而准备的学业
养生：养活自己和家人
夙心：平素的心愿。夙 sù。素有的、旧有的

后余在慈云寺，遇一老者，修髯伟貌，飘飘若仙，余敬礼之。语余曰："子仕路中人也，明年即进学，何不读书？"余告以故，并叩老者姓氏里居。曰："吾姓孔，云南人也。得邵子皇极数正传，数该传汝。"

髯：rán。两腮部的胡须。泛指胡须
仕路：做官的途径
进学：明清两代指童生考取生员（也叫中秀才），进入府、县学读书
里居：家乡
邵子：即邵雍。字尧夫。北宋理学家
皇极数：邵雍撰有《皇极经世书》，用卦象推算治乱盛衰的命运。后代术士将其发展为皇极数
数：皇级数

余引之归，告母。母曰："善

我童年时期父亲就去世了，母亲要我放弃学业不要去考功名，改学医，说学医可以赚钱养活自己和家人，也可以救济别人。而且通过技艺成名，这是你父亲一向的心愿。

后来我在慈云寺，遇到了一位老人，胡须修长，身体魁梧，看起来飘然有仙风道骨，我对他恭敬并向他行礼。老人向我说："你是官场中的人，明年就可以考中秀才进入学宫，为什么不读书呢？"我就告诉他母亲让我放弃读书去学医的缘故，并且问老人的姓名和家乡。老人回答我说："我姓孔，是云南人。我得到宋朝邵康节先生所精通的皇极数思想的真传，命中注定，我应该把这个皇极数传给你。"

我就把这位老人带到家中，并将他的话告诉母亲。母亲对我说："好好地招待他。"请他为我推算命数，即使是很小的事情，都很准确。我就有了读书的念头。和我的表哥沈称商量，他说："郁海谷先生在沈友夫家里开馆教学。我送你去他那里读书很方便。"于是我便拜了郁海谷先生为老师。

待之。"试其数，纤悉_{细微详尽}皆验。余遂起读书之念。谋之表兄沈称，言："郁海谷先生，在沈友夫家开馆_{开设学馆，教授生徒}，我送汝寄学甚便。"余遂礼郁为师。

家庭的不幸往往能促使古代贤人对命运的深刻思索。了凡先生童年时期父亲去世，只得与母亲相依为命。古时读书人始终是以步入仕途、兼济天下为人生最高目标。"不为良相，便为良医"也就成了很多古人的家训家规。为了维持生计，母亲要求他放弃科考功名，改学医术。

在人生的道路上，经常会遇到一些改变命运的贵人。了凡先生在慈云寺遇到的老人就是。了凡虽然自己年纪尚轻但谦逊知礼，能礼貌地对待陌生的老者，因此其奇遇也非机缘巧合。听闻老者的言语后，将其请至家中，向母亲做了禀报，这也说明了了凡先生从小家教就比较好。

孔为余起数〔以术数推算，算卦〕：县考〔由知县主持的考试〕童生〔参加生员（秀才）考试的考生，无论年龄大小，都称童生〕，当十四名；府考〔由府一级进行的考试〕七十一名；提学考〔即院试。由各省提督学政主持，由府试录取的童生参加，合格者即为秀才〕第九名。明年赴考，三处名数皆合。复为卜终身休咎〔吉凶。咎 jiù，灾祸〕，言：某年考第几名，某年当补廪〔lǐn。廪生，即廪膳生员。可以领取州、县发给的津贴的秀才〕，某年当贡〔贡生。科举制度从府、州、县生员（秀才）中选拔入京师国子监读书的学生〕，贡后某年，当选四川一大尹〔此指知县〕，在任三年半，即宜告归。五十三岁八月十四日丑时〔凌晨一点至三点〕，当终于正寝，惜无子。余备录而谨记之。

孔先生为我推算命运：你明年考秀才，县考应当考第十四名；府考应当考第七十一名；提学考应当考第九名。第二年，三处的考试，所考的名次和孔先生所推算的都相符。孔先生又为我占卜一生的吉凶祸福：哪年考取第几名，哪年应当补上廪生缺，哪年应当做贡生，成为贡生后哪年应当选为四川省一个县官，在任三年半后，便该辞职回乡。到五十三岁那年八月十四日的丑时，就应该寿终正寝，可惜你命中没有儿子。我把这些话都一一记录下来，并且牢牢记住。

评析

　　孔先生将了凡先生一生命运，主要是仕途发展的前景推算出来。在了凡先生看来，孔先生的术数是很了不起的，故而一一记录。对预测之术的虔信与他后来改变自己命运的决心形成了鲜明的对比。

自此以后，凡遇考校，其名数先后，皆不出孔公所悬定[推定]者。独算余食廪米九十一石[容量单位。十斗为一石]五斗[容量单位。十升为一斗]，当出贡[科举考试中屡次不第的贡生，可按资历依次到京，由吏部选任杂职小官]，及食米七十余石，屠宗师[明代对提学的尊称]即批准补贡，余窃疑之。后果为署印[代理官职者]杨公所驳，直至丁卯年，殷秋溟[míng]宗师见余场中备卷，叹曰："五策[古代考试的一种文体]，即五篇奏议也，岂可使博洽淹贯[形容知识广博、深通广晓。洽，指对理论了解得透彻；淹，指义义透彻；贯，指功夫一以贯之]之儒，老于窗下乎！"遂依县申文准贡，连前食米计之，实九十一石五斗也。余因此益信进退有命，迟速

从此以后，凡是遇到考试，每次所考名次，都与孔先生预先所算定的名次一样。只有算我做廪生所应领的米，领到九十一石五斗的时候就能出贡了，等我领到七十多石米的时候，提学屠大人就批准我，补上贡生。我暗中怀疑孔先生的推算有些不灵了。后果然补贡生位一事被另外一位代理的学台杨大人驳回，不准我补贡生。直到丁卯年（1567 年），殷秋溟宗师看见我在考场中的备选试卷，慨叹道："这考生所做的五篇策论，竟如同五篇奏折一样。怎么能让这样有大学问的读书人，终生埋没、不受重用呢？"于是他就依屠宗师的呈文，准我补了贡生。算起来，连前所吃的七十一石，补足后总计是九十一石五斗。我就更相信一个人的成功与失败是命中注定的，而走运的迟或早，也

都有定时。所以，就清心寡欲而无所求了。

有时，澹然**安静恬淡、清心寡欲的样子。澹dàn** 无求矣。

评析　　殷秋溟宗师再次为了凡先生申请补贡，获得批准。这又一次应验了孔先生的预言，也使得了凡先生相信了命运有定数，不可强求。人的一生，就是对未来充满希望，因为未知才使人们有了前行的动力。了凡先生在这短短的一刹那将生命全程看透，从此无妄念，与世无所争，与人无所求，是很幸运的！

贡入燕都〔燕京。即今北京〕，留京一年，终日静坐，不阅文字。己巳归，游南雍〔明代称设在南京的国子监〕，未入监，先访云谷会禅师于栖霞山〔位于南京东北郊，山中有栖霞寺。为佛教四大丛林之一〕中，对坐一室，凡三昼夜不瞑目〔闭上眼睛。此指睡觉。瞑 míng，闭眼〕。

云谷问曰："凡人所以不得作圣者〔圣人〕，只为妄念〔虚妄的意念〕相缠耳。汝坐三日，不见起一妄念，何也？"

余曰："吾为孔先生算定，荣辱生死，皆有定数〔一定的气数，命运〕，即要妄想〔不切实际的打算〕，亦无可妄想。"

云谷笑曰："我待汝是豪杰，原来只是凡夫〔佛教以迷惑事理和流转生死的平常人为凡夫〕。"

当上了贡生就到北京国子监读书。在京城的一年，我一天到晚练习静坐，并不读书。到了己巳年（1569年），又回到南京国子监读书。在进国子监之前，我先到栖霞山去拜见云谷禅师，与禅师在一间禅房里面对面坐着，三天三夜没有合眼。

云谷禅师问我说："凡夫俗子之所以不能够成为圣人，只因为妄念纠缠于心。你静坐三天，没见你起一个妄念，这是怎么做到的呢？"

我说："我被孔先生算定了命运，荣辱生死，冥冥自有定数。即便要胡思乱想，也是没有什么可想的了。"云谷禅师笑道："我把你当做一个了不得的豪杰，哪里知道，你原来只不过是一个凡夫俗子。"

了凡先生终日静坐，不阅文字。认为既然一切皆是命，想什么都是枉然，丧失了求知的欲望。此时的了凡先生陷入了被命运束缚的无可奈何之中。他遇到云谷禅师，这才开始转变命运。"立命之学"就是云谷禅师传授给他的。因此对待未来，我们应充满希望和追求，不然只能浑浑噩噩度日，荒度一生。

问其故，曰："人未能无心[这里指妄想心]，终为阴阳[天地造化。古人以阴阳解释万物化生]所缚，安得无数？但惟凡人有数。极善之人，数固拘他不定；极恶之人，数亦拘他不定。汝二十年来，被他算定，不曾转动一毫，岂非是凡夫？"

余问曰："然则数可逃乎？"

曰："命由我作，福自己求[语出《诗经·大雅·文王》："永言配命，自求多福。"大意是：一直顺应天命不违背，求助自己比求助他人会得到更多的幸福。永，恒常；配命，上合天心，配合天命行事。]诗书[《诗经》。又称诗三百。是我国第一部诗歌总集。收集了从西周初期到春秋中期的305首民歌、庙堂宴饮乐歌和祭祀乐歌。编成于春秋中叶]所称，的为明训[高明的训诫]。我教典[佛经]中说：'求富贵得富贵，求男女得男女，求长寿得长寿。'夫妄语[佛教所说的十恶之一。说假话]乃释迦[即释迦牟尼，佛教创始人]大戒，诸佛菩萨，岂诳语[骗人的话。诳 kuáng，欺骗、瞒哄]欺人？"

问他原因，云谷禅师说道："一个平常人，不能没有妄念之心，这就终究要被天地造化所束缚了，怎么可说没有定数呢？但是只有平常人才会被命运所束缚。若是一个极善的人，命运就束缚不住他；而极恶的人，命运也束缚不住他。你二十年来的命运都被孔先生算定，却不曾去改变它一分一毫，你不是凡夫是什么呢？"

我问云谷禅师说："这样说来，人的命运究竟能改变么？"

禅师说："命运由我自己造，幸福由我自己求。这个道理在《诗经》中已经讲得很清楚，实在是高明的训诫。我们佛经里说：'一个人要求富贵就得富贵，要求儿女就得儿女，要求长寿就得长寿。'说谎是佛家的大戒，佛祖菩萨怎么会乱说假话、欺骗人呢？"

评析

了凡先生向云谷禅师请教逃脱命运的方法。云谷禅师告诉他，"命由我作"，指出命与别人无关。这就要求人要知道一生的甘苦顺逆，怨天尤人是徒劳无益的，要躬身反省，只有明白了这个道理，才能在此基础上改过从善，这就是"福自己求"。这里也说明了古训虽然完全肯定命运的存在，但同时认为命运是可以改变和改造的。在今天我们看来这好像是迷信和功利主义，但是我们也要相信弃恶向善、修炼自我、广种福田，一定会实现自己的愿望，无疑有利于个人发展和社会的安定。

余进曰："孟子^{名轲，字子舆。战国时期思想家、}教育家。儒家学派代表人物言：'求则得之。'是求在我者也。道德仁义，可以力求。功名富贵，如何求得？"云谷曰："孟子之言不错，汝自错解耳。汝不见六祖^{此指佛教禅宗第六代祖师慧}能。佛教的禅宗，在中国相传六世，第六世祖师为慧能和神秀，分别行教于南、北方，均被称为六祖说：'一切福田^{佛教认为供养布施、行善修德能受福报，犹如播种田地，秋有收获}，不离方寸_心。从心而觅，感无不通。'求在我，不独得道德仁义，亦得功名富贵，内外双得，是求有益于得也。若不反躬内省^{内心自我省察，自我反省}，而徒向外驰求，则求之有道，而得之有命矣。内外双失，故无益。"

我又进一步问："孟子曾说：'去追求就可以得到。'这是说要反身内求于己。像道德仁义，这是我可以尽力去求的。若是功名富贵，我要怎样才可以求到呢？"云谷禅师说："孟子的话不错，但是你理解错了。你没见六祖慧能大师说：'一切福德，都离不开自己的心。只要从心地上下功夫去求，没有什么不会感应而得的！'向自己内心去求，那就不只是内心的道德仁义可以求得，就是身外的功名富贵也可以求得到，内和外都能得到，是有利于得的探求。一个人，若不能从内心深处去检讨反省，而只是盲目地向外面追求名利福寿，就算是方法得当，但能不能得到还得看你命里有没有这个福分。这样只会内和外都失去，所以乱求是毫无益处的。"

我们要提升自我修养，就要反躬内省，经常反省才能进步，这样才能充实自己的德行，也才会有所回报，才能实现自己的愿望。

因问："孔公算汝终身若何？"余以实告。云谷曰："汝自揣_{chuǎi。估量，忖度}应得科第_{科举考试。此指获得功名}否？应生子否？"余追省良久，曰："不应也。科第中人，类有福相，余福薄，又不能积功累行_{长期行善，积累公德}，以基厚福；兼不耐烦剧_{事务丛杂}；不能容人；时或以才智盖人；直心直行，轻言妄谈。凡此皆薄福之相也，岂宜科第哉？地之秽_{huì。肮脏}者多生物，水之清者常无鱼。余好洁，宜无子者一；和气能育万物,余善怒,

云谷禅师继续引导说："孔先生给你算的终身命运如何？"我就如实告诉了他。云谷禅师说："你自己扪心自问，你应该考得功名么？应该有儿子么？"我反省了很久才说："我不应该得到这些。科举考中的人，都有福相。我的福相薄，又不能积功德积善行，增厚福分的根基；同时对琐碎繁重的事务没有耐心；我度量狭窄，不能包容别人；有时还仗着自己的才智去压盖别人；心里想怎样就贸然去做；说话轻率，谈论不慎。像这样种种举动，都是薄福的表现，怎么能考得功名呢？不干净的土地上多会生长植物，很清洁的水里常养不住鱼。我太洁身自好，而不近人情，这是我没有儿子的第一个原因；和气才能使万物自主生长，我常常

生气发火，这是我没有儿子的第二个原因；仁爱是万物生生不息的根本，残忍是不能生养的根本，我太爱惜自己的名誉节操，往往不肯牺牲自己去成全别人，这是我没有儿子的第三个原因；我话多，损伤了元气，因此身体很不好，这是我没有儿子的第四个原因；我爱喝酒，酒又容易消散精神，这是我没有儿子的第五个原因；我喜欢整夜长坐不睡觉，没注意保养元气精神，这是我没有儿子的第六个原因。其他还有许多的过失，不能一一列举！"

宜无子者二；爱为生生^{指事物的不断产生、变化}之本，忍^{狠心，残酷}为不育之根，余矜惜^{怜惜。矜 jīn}名节，常不能舍己救人，宜无子者三；多言耗气，宜无子者四；喜饮铄精^{消耗精力，耗费精神。铄 shuò}，宜无子者五；好彻夜长坐，而不知葆元毓神^{保养元气，养育心神。葆 bǎo，保持，保护；毓 yù，生育，养育}，宜无子者六。其余过恶尚多，不能悉数。"

孟子说："行有不得，反求诸己。"通过云谷禅师的启发，了凡先生对自己过去的一切行为与思想进行了反省，从而列出自己福分薄的原因。这就是反观内省，向内心去找去求。反求诸己，也就找到了问题的根本症结与解决方法。这也是人积福修善的第一步。

云谷曰："岂惟科第哉。世间享千金之产者，定是千金人物；享百金之产者，定是百金人物；应饿死者，定是饿死人物。天不过因材而笃（dǔ。忠实，一心一意），几曾加纤毫意思？即如生子，有百世之德者，定有百世子孙保之；有十世之德者，定有十世子孙保之；有三世二世之德者，定有三世二世子孙保之；其斩焉（哀痛貌）无后者，德至薄也。汝今既知非，将向来不发科第及不生子相，尽情改刷（改正，清理）。务要积德，务要包荒（包涵宽容一切），务

云谷禅师说："你哪里只是功名不应该得到？这个世上能够拥有千金财富的，一定是积有千金福报的人；能够拥有百金财富的，一定是积有百金福报的人；应该饿死的，一定是应该受饿死报应的人。上天不过是顺应自主的因果报应，什么时候加进过一丝一毫自己的意思？就像生儿子，积了百代的功德，就一定有百代的子孙来保住他的福；积了十代的功德，就一定有十代的子孙来保住他的福；积了三两代的功德，就一定有三两代的子孙来保住他的福。至于那些不幸绝后的人，那是他功德极薄的缘故。你既然知道自己的过失，那就应该把你一向不能得到功名、没有儿子的种种福薄的表现，尽心尽力改得干干净净。一定要积德，一定要包容一切，一定要对人和气慈悲，

一定要爱惜自己的精神。从前的一切，譬如昨日，已经死了；以后的一切，譬如今日，刚刚开始。能够做到这样，就是你再生了一个有正义公理道德的生命了。我们这个血肉之躯，尚且有一定的命理定数；而追求正义公理的生命，哪有不能感动上天的道理！《太甲》上面说到：'上天降给你的灾害，或者可以避开；而自己若是造了孽，就要受到报应，在劫难逃。'《诗经》上也讲：'一直顺应天命不违背，求助自己比求助他人会得到更多的幸福。'孔先生算出你不得功名、命中无子，虽然是上天注定，但是还是可以改变的。你只要将本来就有的道德天性扩充起来，尽力多做善事，多积阴德，这是你自己为自己造的福，怎么可能不享受福报呢？《易经》为一些宅心仁厚、

要和爱，务要惜精神。从前种种，譬如昨日死；从后种种，譬如今日生；此义理再生之身也。夫血肉之身，尚然有数；义理之身，岂不能格天_{以至诚感通于天}！《太甲》_{《尚书》篇名。记载商王太甲与伊尹的事迹}曰：'天作孽_{niè。灾祸}，犹可违_{远离，躲避}；自作孽，不可活。'《诗》_{《诗经·大雅·问王》}云：'永言配命_{上合天心，配合天命行事}，自求多福。'孔先生算汝不登科第、不生子者，此天作之孽，犹可得而违。汝今扩充德性_{人的天赋道德本性}，力行善事，多积阴德_{做好事而不让人知道}，此自己所作之福也，安得而不受享乎？《易》为君子谋，趋吉避凶。

若言天命有常[万物运动与变化中的不变之规则]，吉何可趋、凶何可避？开章第一义，便说：'积善之家，必有余庆。'汝信得及否？"

有道德的人做打算，教人获得吉祥，避开凶险。如果说命运是一定不能改变的，那么吉祥又如何可以谋求，凶险又如何可以避开呢？《易经》开头第一章就说：'积德行善的家庭，必定会有多余的福报恩泽子孙。'这个道理，你能够相信吗？"

评析

当知有福没福，都是由心造的。有智慧的人，晓得这都是自作自受；糊涂的人，就都推到命运头上去了。比如说善人积德，上天就加多他应受的福；恶人造孽，上天就加多他应得的祸。这是云谷禅师借俗人之见，来劝了凡先生努力积德行善。中国传统文化中就有善恶报应，虽然今天看来仍带有迷信和功利色彩，但是可以把它作为一扇引导大家改过迁善、改造命运、得到幸福的方便之门。

遇貧窮而
作驕態者
賤莫甚

遇貧窮而
作驕態者
賤莫甚

余信其言，拜而受教。因将往日之罪，佛前尽情发露〔揭露〕，为疏〔奏章的一种。有下情上传、上下疏通的意思。此指文章〕一通，先求登科〔唐制，考中进士称"及第"，经吏部复试，取中后授予官职，方称"登科"。后代凡应试得中统称"登科"〕，誓行善事三千条，以报天地祖宗之德。

云谷出功过格〔记录善恶功过的簿册〕示余，令所行之事，逐日登记。善则记数，恶则退除。且教持《准提咒》〔全称《七俱胝佛母心大准提咒》。佛教经文的一种。全咒为：南无飒哆喃，三貌三菩陀，俱胝喃，怛侄他，唵，折戾主戾，准提娑婆诃。胝 zhī；怛 dá〕，以期必验。

语余曰："符箓〔道教术语。指道教的秘文。箓 lù〕家有云：'不会书符，被鬼神笑。'此有秘传，只是不动念也。执笔书符，先把万缘放下，一尘不起。从此念头不动处，下一点，

我相信云谷禅师说的话，并且向他拜谢，接受他的指教。于是把从前所做的错事，所犯的罪恶，在佛前毫无隐瞒地说出来，并且做了一篇文字，先祈求能得到功名，还发誓要做善事三千件，来报答天地祖先对我的大恩德。

云谷禅师就拿了"功过格"给我，叫我把所做的事，每天都记在"功过格"上。善的事情就记数，过失就与已经记的善事相抵消。并且还教我念《准提咒》，以期会有效应。

云谷禅师又对我说："画符箓的人有种说法：'一个人如果不会画符，是会被鬼神所笑的。'画符灵验的秘诀，就是不动念头罢了。当执笔画符的时候，把一切念头放下。心中没有一丝杂念。到了念头不动，大脑空空如也状态时，用笔在纸上点一点，这就

叫'混沌开基'。从这一点开始一直到画完整个符，若没起任何的杂念，那么这道符就会很灵验。"

谓之'混沌开基' _{道家功理功法修行的状态}。由此而一笔挥成，更无思虑，此符便灵。"

评析

了凡先生下定决心改过自新，因此在佛前尽情地忏悔。忏是针对以前所造下的罪孽恶业全部都坦白承认，不再重犯。悔是反思改悔以断除今后会造罪业。

"功过格"是道教中道士自记善恶功过的一种簿册，是道士自我约束言行、积功行善的修养方法。云谷禅师用"功过格"来帮助他，教他每天将所做的好事及过失都记录下来，善恶做个对比，这样到底是善多还是恶多一目了然。最初做的时候一定是善恶混杂，甚至恶多于善，这样自己就要提高警觉，迁善改过，最终做到纯善无恶，改过就成功了。这个方法行之有效，我们今天也应该借鉴学习。

"凡祈天立命，都要从无思无虑处感格_{感通，感应。}孟子论立命之学，而曰：'夭寿不贰。'夫夭与寿，至贰者也。当其不动念时，孰为夭，孰为寿？细分之，丰歉不贰，然后可立贫富之命；穷通不贰，然后可立贵贱之命；夭寿不贰，然后可立生死之命。人生世间，惟死生为重，曰夭寿，则一切顺逆皆该_{包括}之矣。至'修身以俟_{sì。等待}之'，乃积德祈天之事。曰修，则身有过恶，皆当治而去之；

"凡是祷告上天改造命运的，都要从没有妄念上去下功夫，这样才能感应万物。孟子讲立命的学问时说道：'短命和长寿是没有区别的。'短命和长寿，是完全不同的两个概念。但当我们在一个妄念都完全没有时，哪晓得短命和长寿的分别呢？细分一下，视丰收和歉收没有什么两样，然后可立贫穷转为富足之命；视穷困和通达没有什么两样，然后可立贫困转为发达之命；视短命和长寿没什么两样，然后可立短命转为长寿之命。人生在世只把死生当作重大的事情，说到短命和长寿，那一切顺境和逆境中的所有事，都可以包括在内了。至于孟子所说的'通过修身以待天命'，是指通过积德以祈求上天赐予福报之事。所谓'修'，就是自身有过失、罪恶，应该像治病一样，

把它们完全去掉。所谓"俟"，就是一丝一毫的非分之想、一丝一毫的逢迎，都要完全斩掉断绝。能够做到这种地步，已经是达到先天不动念头的境界了，这便是真实无妄的学问。你现在还不能做到心无杂念，但是你若能持念《准提咒》，念的时候不必用心去记念的什么、念了多少遍，只要一直念下去，不要间断。念到极熟的时候，自然就会嘴里在念，自己却意识不到嘴在念；不念的时候，心里不自觉地仍在念。等念到心中不起一念时，念咒的效果就实现了。"

曰俟，则一毫觊觎（jì yú。非分的希望或企图），一毫将迎，皆当斩绝之矣。到此地位，直造先天之境，即此便是实学。汝未能无心，但能持发《准提咒》，无记无数，不令间断。持得纯熟，于持中不持，于不持中持。到得念头不动，则灵验矣。"

评析

对待命运，我们应当勤勉修身而又能安心等待。改变命运也不是一蹴而就的，需要时间积累和修身积德。修身积德切不可希望早得善报，心存非分之想。我们凡夫无法做到无心（无念），因此如何将念头控制住，就要用方法。云谷禅师教了凡先生用念《准提咒》的方法祛除妄念。

余初号学海，是日改号了凡。盖悟立命之说，而不欲落凡夫窠臼（kē jiù。比喻陈旧的格调）也。从此而后，终日兢兢（jīng jīng。小心谨慎的样子），便觉与前不同。前日只是悠悠放任，到此自有战兢惕厉（心存敬畏，小心警惕的样子。惕厉，警惕，戒惧）景象，在暗室屋漏（指别人看不到、隐秘的地方。暗室，幽暗隐秘的地方；屋漏，古代室内西北角安放小帐的地方）中，常恐得罪天地鬼神；遇人憎我毁（诽谤，诋毁）我，自能恬然容受。

到明年，礼部考科举，孔先生算该第三，忽考第一。其言不验。而秋闱（秋试。明朝时期每隔三年的八月间在各省省城举行乡试，因时值秋季，故称秋闱。闱 wéi，科举时代称试院、考场）中式矣。然行义未纯，检身（约束检点自己）多误。或见善而

我起初自号学海，听完云谷禅师的教诲当天就改号为"了凡"；因为我明白了掌控自己命运的道理，就不愿意和凡夫一样为命运所拘。从此以后，就整天谨慎小心，于是自己觉得和从前大不相同。以前是悠闲无拘无束，而现在，自然有一种战战兢兢、戒慎恭敬的景象。即使是在幽暗无人和室内私密的地方，也常担心会得罪天地鬼神。遇到别人讨厌我、诽谤我的时候，也能够坦然接受，不与人计较争论了。

第二年，我参加礼部考试，孔先生算命说我应该考第三名，我却出乎意料考了第一名。孔先生的话开始不灵了。到了秋季考试，我竟然考中了举人。然而我仍然感觉修行未纯，自己检点反省，觉得过失仍然很多。要么面

对善事，虽然肯做，但还不够大胆；要么帮助别人却心存疑虑；要么身体力行去做善事，但言语失当；要么清醒时循规蹈矩，但酒醉后放任自流。功过相抵，等于光阴虚度。

　　从己巳年（1569年）发愿，直到己卯年（1579年），经过了十多年才完成了许下的三千件善事。

行之不勇，或救人而心常自疑，或身勉为善而口有过言，或醒时操持^{操守，立身处世的原则}而醉后放逸^{放纵逸乐。}以过折功，日常虚度。

　　自己巳岁发愿^{佛教用语。指普度众生的广大愿心。后泛指许下愿望。}，直至己卯岁，历十余年，而三千善行始完。

听了云谷禅师的教导，了凡先生开始自己修持。了凡先生依照功过格每日反省，改变了过去悠游放任的生活。时刻警惕，生怕生起恶念，得罪天地鬼神；遇到别人诽谤，丝毫不挂于心，可以安然包容接受了。

孔先生所推算的命运第一次没有灵验，了凡更加相信了修持功夫改变了他的命运。他自己反省，虽然断恶修善，但是还觉得自己做得不纯，还夹杂着私心。检讨自己的行为，过失还很多。大凡改过自新，总是开始发心勇猛，时间久了就慢慢松散了，这是人的通病。在缓慢当中进步虽不多，但只要我们能坚持，就一定有更大的改变。

发愿做三千桩善事，十多年才完成。由此可知，三千善事是多么难行！我们晓得这个事实，但也要知难而进。希望我们也能和他一样，至少一天做一桩善事，能够做两桩、三桩就更好，不要间断，效果绝对能超过了凡先生。

当时，我刚跟随李渐庵先生回到关内，没来得及回向。到了庚辰年（1580年）回到了南方，方才请了性空、慧空两位高僧到东塔禅堂完成了这个回向的心愿。于是我又起了求子的心愿，也许下了三千件善事的大愿。到了辛巳年（1581年），生了儿子，取名叫天启。

我每做一件善事，随时都用笔记下来。你母亲不会写字，每做一件善事，就用鹅毛管印一个红圈在日历上。或者是送食物给穷人，或者放生，一天有时多到十几个红圈。到了癸未年（1583年）的八月，三千桩善事已经做满。又请了性空和尚等在家里做回向。

九月十三日，又起了考进士的心愿，并且许下要做一万桩善事。到了丙戌年（1586年），果

时方从李渐庵入关，未及回向（佛教用语。又作转向、施向。指回转自己所修之功德与法界众生同享，以拓开自己的心胸，并使功德有明确的方向而不致散失）。庚辰南还。始请性空、慧空诸上人（上德之人。后多用作对高僧的美称），就东塔禅堂回向。遂起求子愿，亦许行三千善事。辛巳，生男天启。

余行一事，随以笔记。汝母不能书，每行一事，辄（zhé。总是，就）用鹅毛管，印一朱圈于历日（历书，日历）之上。或施食贫人，或买放生命（放生），一日有多至十余圈者。至癸未八月，三千之数已满。复请性空辈就家庭回向。

九月十三日，复起求中进士愿，许行善事一万条，丙戌

登第_{登科。第，指科举考试录取列榜的甲乙次第}，授宝坻知县。

余置空格一册，名曰"治心编"。晨起坐堂_{登公堂审理案件}，家人携付门役，置案上，所行善恶，纤悉_{细微详尽}必记。夜则设桌于庭，效赵阅道_{名抃，字阅道，自号知非子。北宋官员}焚香告帝。

然中了进士，当了宝坻知县。

我准备了一个空格本，取名"治心篇"。每天早晨起来坐堂审案的时候，家里人就拿来交给衙役，放在办公桌上。每天所做的善事恶事，无论大小，也一定要记下来。到了晚上，在庭院中摆了桌子，仿照宋朝赵阅道，焚香祷告天帝。

夫唱妇随。了凡的妻子也跟着丈夫一同做善事，从最初的一天难得行善一次，到十年后一天能行多善。了凡怕自己心起邪思歪念，他用"治心"的小册子——"功过格"和"治心篇"的方法达到了断恶修善的目的。现在我们要修身养德也可以借鉴这种方法。

你母亲见我做的善事不多，就常常皱着眉头对我说："我从前在家，能帮你做善事，所以你所许下三千件善事，能够做完。现在你许了做一万件，衙门里没什么善事可做，什么时候才能做完呢？"一天晚上睡觉，我偶然梦到一位天神。我就将一万件善事不容易做完的原因告诉了天神，天神说："就你当知县减粮这件事，一万件善事已经圆满了。"

宝坻县的田租，以前每亩要收银两分三厘七毫，我经过一番筹划安排，把它减到了一分四厘六毫。确实有这件事情，我心中觉得很惊疑。恰逢幻余禅师从五台山来到宝坻，我就把梦告诉了禅师，并问禅师这件事是否可信。幻余禅师说："做善事只要存心真诚恳切，那么做一件善事，也可以抵得过一万件善事了。况且

汝母见所行不多，辄蹙

蹙 *pín cù。* 蹙额皱眉，忧愁不乐 曰："我前在家，相助为善，故三千之数得完。今许一万，衙中无事可行，何时得圆满乎？"夜间偶梦见一神人，余言善事难完之故，神曰："只减粮一节，万行俱完矣。"

盖宝坻之田，每亩二分三厘七毫。余为区处 处理，筹划安排，减至一分四厘六毫，委有此事，心颇惊疑。适幻余禅师自五台来，余以梦告之，且问此事宜信否。师曰："善心真切，即一行可

万善，况合（全）县减粮，万民受福乎。"吾即捐俸（fèng。官员所得的薪酬）银，请其就五台山斋僧一万而回向之。

孔公算予五十三岁有厄（è。困苦，灾难），余未尝祈寿，是岁竟无恙（yàng。病），今六十九矣。《书》（《尚书》。又名《书经》。是中国上古时期的历史文献和部分追述史迹著作的汇编。所记之事上起尧舜，下至春秋中期。分《虞》《夏》《商》《周》四个部分。儒家经典著作）曰："天难谌（chén。相信），命靡常（无常，没有规律）。"又云："惟命不于常。"皆非诳语。吾于是而知：凡称祸福自己求之者，乃圣贤之言；若谓祸福惟天所命，则世俗之论矣。

你减收全县的税粮，是万民受福的好事呢。"我听了禅师的话，就立刻把我的薪酬捐出来，请禅师在五台山替我斋僧一万人来回向。

孔先生算定我到五十三岁时应该有灾难。我未曾祈天求寿，五十三岁那年，竟然没有病痛灾祸。现在已经六十九岁了。《尚书》上说："天道是不容易相信的，人的命运是无常的。"又说："命运不是固定不变的。"这些话一点都不假。我由此才明白：凡是讲人的祸福都是自己求来的，这是圣贤的言语；若是说祸福都是上天注定的，那是世俗凡人的论调。

评
析

了凡先生担任县官后，减少了田赋，惠济众生，这是为官者的榜样。身为官员都要常修为政之德、常思贪欲之害、常怀律己之心，这是为官者应谨记的原则。

孔先生算定了凡先生在五十三岁会去世，但是了凡先生只管进德修业，结果活到了六十九岁仍无恙。他也领悟到孔先生以前算定的命运是世俗之论，云谷禅师所教授给自己的改造命运之法才是圣贤之言。

汝之命，未知若何。即命当荣显，常作落寞想；即时当顺利，当作拂逆违背，不顺想；即眼前足食，常作贫窭贫乏，贫穷。窭jù，贫寒想；即人相爱敬，常作恐惧想；即家世望重，常作卑下想；即学问颇优，常作浅陋想。

远思扬祖宗之德，近思盖遮蔽，掩盖父母之愆qiān。过失；上思报国之恩，下思造家之福；外思济人之急，内思闲己之邪语出《周易·乾卦》："闲邪存其诚。"大意是：防范邪恶而保存内心的诚实。闲，防止。

务要日日知非，日日改过。

你的命运，不知究竟怎样。即使命中注定荣华富贵，还是要常常当作不得意来想；即使碰到顺当吉利的时候，还是要常常当作不称心、不如意来想；即使眼前丰衣足食，还是要常常当作贫困潦倒来想；即使旁人喜欢、敬重你，还是要常常当作敬畏他人来想；即使家族世代显赫，还是要常常当作寒门卑微来想；即使你学问高深，还是要常常当作浅薄鄙陋来想。

往远处说，要想把祖先的美德传播开来；往近处讲，要想父母若有过失，该替他们遮掩起来；向上要想到报答国家的恩惠；向下要想着造福家人；对外要想救济别人的急难；对内要想防止自己的邪心杂念。

务必每天知道自己的过失，每天改正自己的错误。一天不知道自己的过失，就一天安于自以为是的状态；一天无过可改，就一天没有进步。天底下聪明俊秀的人不少，然而很多人道德上没有长进，事业上不能拓展，就是吃了"因循"两字的亏，耽误了一生。

云谷禅师所教立命的学问，实在是最精辟、最深邃、最真实、最正确的道理，你要认真研究而且要努力去做，千万不可虚度光阴。

一日不知非，即一日安于自是_{自以为是}；一日无过可改，即一日无步可进。天下聪明俊秀不少，所以德不加修、业不加广者，只为因循_{沿袭旧我而不思进取}二字，耽阁_{耽搁}一生。

云谷禅师所授立命之说，乃至精至邃_{suì。深远}、至真至正之理，其熟玩_{深入研习和体会}而勉行之，毋自旷_{荒废、耽误}也。

评析

六个"想"，是从反面来看问题，告诉我们一个人无论处在优越的环境也好，恶劣的环境也好，都要谦虚，万万不可傲慢。能够这样虚心，道德自然会增进，福报也自然会增加。六个"思"，都是从正面来肯定问题，人不能没有正确的思想，这六条就是标准。能够常常如此存心，必然能成为正人君子。

"近思盖父母之愆"，这是孟子的"父为子隐，子为父隐"的大义所在。一个家庭，父母、兄弟有过失都要遮盖，然而一味地遮盖也是错误的，要劝导父母、兄弟改过向善。同时要注意，"家丑不可外扬"，劝导要在家里，决不在有外人的场合。

第二篇
改过之法

　　本篇主要论述在行善积德之前，必须端正自己的心念，将自己的缺点一一改正。具体方法是：第一，要发耻心；第二，要发畏心；第三，须发勇心。犯了错，有人从事情上改，有人从道理上改，有人从心念上改。三种功夫不同，所以得到的效验自然不会一样。在日常生活中，我们不能沉溺于浑浑噩噩的生活状态中，应当做一个"有心人"，要不断地反观自身，反省自己的言行，使之符合一定的道德准则。

春秋诸大夫，见人言动_{言谈举止}，亿_{推测}而谈其祸福，靡_{没有}不验者，《左》_{《左传》。也称《左氏春秋》或《春秋左传》。是我国第一部完整的编年体史书。所记历史上起鲁隐公元年，下至鲁悼公四年。相传为春秋末期左丘明著}《国》_{《国语》。中国最早的一部国别体史书。记录了周朝王室和鲁、齐、晋、郑、楚、吴、越八国的历史。相传为春秋末期左丘明著}诸记可观也。大都吉凶之兆，萌乎心而动乎四体。其过于厚者常获福，过于薄者常近祸。俗眼多翳_{yì。遮蔽，障蔽}，谓有未定而不可测者。至诚合天。福之将至，观其善而必先知之矣。祸之将至，观其不善而必先知之矣。今欲获福而远祸，未论行善，先须改过。

春秋时代的各国大夫，从一个人的言语行为就可以推测到这个人的吉凶祸福，没有不灵验的。这种事在《左传》和《国语》的记载中可以看到。大多吉祥和凶险的预兆，是先从内心萌发，然后通过举止行为表现出来。仁厚的人就能经常得到福报，而过于刻薄的人常常遭遇灾祸。凡夫俗子被蒙蔽了，认为吉凶祸福是未定的，而且是无法预测的。内心极度诚实，心就可以与天道相合了。福报将要降临，通过观察一个人的善心善行就可以预知；灾祸就要出现，通过观察一个人的不善的行为就可以预知。人若是要得福而远离灾祸，在没有讲到如何做善事前，先要把自己的过错改掉。

评析

这一段讲"改过之因"就是要趋吉避凶，改过为先。在没有谈行善积德之前，先要改过。过不能改，或改得不彻底，虽然修善，善中夹杂着恶，善便不纯，功就难显。因此，改过是积善的先决条件。所以，先讲"改过之法"，再说"积善之方"。

改过，第一要有羞耻心。想想古时候的圣贤和我一样都是男子，为什么他们可以流芳百世、为人师表，而我却狼狈不堪、一事无成？沉溺于世俗情欲，暗中行不义之事，自以为旁人不知道，毫无惭愧之心，就这样渐渐沦为衣冠禽兽自己却还没意识到。世界上没有比这个更令人羞耻的事了。孟子说："耻对一个人来说是最大的、最要紧的事情。"因为若能知耻，就可以成就圣贤之道；不知耻，就会和禽兽一样了。这是改过的要旨。

但改过者，第一，要发耻心。思古之圣贤，与我同为丈夫，彼何以百世可师？我何以一身瓦裂_{像瓦一样碎裂}？耽染尘情，私行不义，谓人不知，傲然无愧，将日沦于禽兽而不自知矣。世之可羞可耻者，莫大乎此。孟子曰："耻之于人大矣。"以其得之则圣贤，失之则禽兽耳。此改过之要机也。

评
析

孔子说："知耻近乎勇。"了凡先生提出了改过三要素，第一是羞耻心。人能够知耻，就不会起妄心、动恶念。知耻放在改过三要素之首，用意非常之深。凡夫何以不能成圣，病根就在此。当前我们在学习、工作、生活中，也要有知耻之心，这样才能鞭策自己克服缺点、改正错误。

第二，要发畏心。天地在上，鬼神难欺，吾虽过在隐微_{隐蔽不显露}，而天地鬼神，实鉴临_{审察，监视}之。重则降之百殃，轻则损其现福，吾何可以不惧？不惟此也。闲居之地，指视昭然_{明显，清楚，显而易见}，吾虽掩之甚密，文_{掩饰，修饰}之甚巧，而肺肝早露，终难自欺。被人觑_{qù。看}破，不值一文矣，乌得不懔懔_{lǐn。危惧的样子}？不惟是也，一息尚存，弥天_{满天。极言其大}之恶，犹可悔改。古人有一生作恶，临死悔悟，发一善念，遂得善终者。谓一念猛厉_{猛烈，气势盛，力量大}，足以涤_{dí。洗}百年之恶也。譬如千年幽谷，一灯才照，则千年

第二，是要发敬畏之心。天地在我们的头上，鬼神是不容易被欺骗的。即使在暗处犯了微小的错误，天地鬼神都看得清清楚楚。过失重的，就有种种的灾祸降到身上来；就算过失轻的，也要减损现在的福报。我们怎么能够不畏惧呢？不仅如此，就是在自己家里也会像被神明用手指点一样监察，显而易见。掩盖得再好，掩饰得十分巧妙，但自己内心早已袒露在外，难以自欺。若是被旁人看破，就一文不值了，怎么能不常怀敬畏之心呢？不仅如此，只要一口气还在，就算是犯下滔天的罪过，还是可以忏悔改过的。古时候有个人做了一辈子的坏事，临终忽然悔悟，发了一个善念，于是得到了善终。这就是说，强烈的善念，就能足够把百年所积的罪恶洗干净。好比千年幽暗

的山谷，只要有一盏灯照了进去，就可以把千年来的黑暗完全除去。所以过失不论是什么时候犯的，只要能改，就是可贵的。但是人世变化无常，肉身易逝，等到断气了，想要改也没法子改了。在阳间，你要承担千百年的恶名，即便你有孝子贤孙也不能替你洗清恶名；在阴间，还要忍受千百劫受苦受难的恶报，即便圣贤佛祖菩萨也不能救助你。怎么能不畏惧呢？

之暗俱除。故过不论久近，惟以改为贵。但尘世无常，肉身易殒，一息不属_{指断气死亡}，欲改无由矣。明则千百年担负恶名，虽孝子慈孙，不能洗涤；幽则千百劫沉沦狱报，虽圣贤佛菩萨，不能援引_{援助指引}。乌得不畏？

评析

"畏"是害怕之意，含有恭敬的意味。天地鬼神是迷信，这里，了凡先生只是借天地鬼神，使人们在内心有敬畏之物。这样即使在一个人独处的时候，也能恪守做人的道德原则。"慎独"也是儒家修养道德的方法，它能使人坚持自己的道德信念，自觉按照道德要求行事，不会由于无人监督而肆意妄行。在现实生活中，每个人对于父母、老师、尊长以及大自然都应该存有敬畏之心。正因为有"畏"，才会三思而后行，使之符合应当之理。

第三，须发勇心。人不改过，多是因循退缩。吾须奋然振作，不用迟疑，不烦等待。小者如芒刺在肉，速与抉别 _{挑出除去。抉 jué，剔出}；大者如毒蛇啮 _{niè。咬} 指，速与斩除，无丝毫凝滞 _{níng zhì。停止流动，不灵活}。此风雷之所以为"益" _{语出《易·益卦》："风雷，益。君子见善则迁，有过则改。"大意是：大风、响雷相互助长声势，象征"增益"。君子因此受到启发，见善就学，有过就改} 也。

第三，一定要发勇猛之心。一个人有了过失还不肯改，多是因为沿袭旧我而退缩不前。我们要发奋振作，不能迟疑，也不要等待。小的过失，像尖刺扎在肉里，要赶紧挑掉拔除；大的过失，像毒蛇咬到手指，要赶紧切掉手指，不可有丝毫的犹疑迟延。这便是《易经》中风雷之所以构成"益卦"的道理所在。

了凡先生认为，人们不能改掉自身的过错，多是因为沿袭旧我和畏惧退缩的原因。所以，更需要勇猛振作起来，绝不怀疑，有过当下就改，不须迟疑，这是勇猛心的样子。

具备以上所说的耻心、畏心、勇心这三种心，那么有过就能立刻改了，就像春天的薄冰遇到太阳，还怕不融化吗？然而犯了错，有人从事情上改，有人从道理上改，有人从心理上改。功夫不同，所以得到的效验也不会一样。譬如前一天杀生，今天起禁止不再杀了；前一天发了火骂人，今天就戒怒了。这就是在事情的本身来改错。从外部采取强制性手段去改错，比自然而然的改要难百倍。况且导致错误的根源没有去掉，改正了这一方面的过失，另一方面的问题又会产生，这不是彻底扫除干净的方法。

具是_{这，此}三心，则有过斯_{乃，就}改，如春冰遇日，何患不消乎？然人之过，有从事上改者，有从理上改者，有从心上改者，工夫不同，效验亦异。如前日杀生，今戒不杀；前日怒詈_{lì。骂，责骂}，今戒不怒。此就其事而改之者也。强制于外，其难百倍，且病根终在，东灭西生，非究竟_{穷尽，完毕}廓然_{形容空旷寂静的样子}之道也。

评
析

在指出"耻畏勇"三心为改过之因之后，了凡先生继续指出改过之法，即"事理心"。人们对犯过的错误的改正，从事情本身、从情理上、从心灵上加以纠正。不同的改正方式所需功夫不同，所取得的效果也大不一样。从事情本身改，不是彻底根除的好办法，治标不治本。

善改过者，未禁其事，先明其理。如过在杀生，即思曰：上帝好生，物皆恋命，杀彼养己，岂能自安？且彼之杀也，既受屠割，复入鼎镬_{鼎和镬。古代的两种烹饪器。镬 huò}，种种痛苦，彻入骨髓。己之养也，珍膏罗列，食过即空，疏食菜羹，尽可充腹，何必戕_{qiāng。杀害，残杀}彼之生，损己之福哉？又思血气之属，皆含灵知，既有灵知，皆我一体。纵不能躬修至德，使之尊我亲我，岂可日戕物命，使之仇我憾我于无穷也？一思及此，将有对食伤心，不能下咽者矣。

善于改过的人，在没有从行为上改正之前，会先明白不能做这事的道理。譬如过失在杀生，就想：上天有好生之德，所有万物都会眷恋生命，杀害它来养活自己，怎么能够心安？况且这些生灵被杀害之时，先受宰割之苦，再受蒸煮之苦，种种痛苦，深入骨髓里。人们自己为了养身，各种珍贵肥美的东西摆满眼前，吃后排出，什么都没有了。蔬菜类素食菜汤，足够人们填饱肚子，又何必造杀生的罪孽，折损自己的福报呢？再想到，凡是有血气有生命的东西，都有灵性和知觉，既然都有灵性和知觉，那么就和人都是一类的了。就算是自己不能修到道德极高的地步，让它们来尊重我、亲近我，又怎能天天伤害动物的生命，使它们永远仇恨我呢？一想到这些，就会对肉食产生悲伤怜悯之心，而不能下咽了。

再如之前好发怒，就应该想：人总有做不到的，这是应该理解和同情的。若是有人不讲道理冒犯了我，那是他自己的过失，与我有什么关系呢？本来就没什么可怒的呀！再想，天下没有自封的英雄豪杰，也没有怨恨别人的学问，一个人做事不顺利，都是因为自己德行修得不好，领悟达不到那个境界。应该彻底自我反省，那么别人诽谤自己时就是磨炼自己的好机会，我应该欣然接受，又何必发怒呢？

听到别人说我坏话也不生气，即使坏话的气焰像烈火冲天，也不过是像举火去烧虚空，终归要熄灭。若是听到别人说坏话就生气，虽然用尽心思尽力去辩解，结果却像春蚕作茧，只会将自己缠缚住。发怒生气不但没有好处，而且还会有害。其他种种的过失

如前日好怒，必思曰：人有不及，情所宜矜jīn。怜悯，同情。悖理违背道理相干触犯，冒犯，于我何与？本无可怒者。又思天下无自是之豪杰，亦无尤怨恨人之学问，行有不得，皆己之德未修，感未至也。吾悉以自反反躬自问，自己反省，则谤毁之来，皆磨炼玉成成全，帮助使成功之地，我将欢然受赐，何怒之有？

又闻谤而不怒，虽谗焰谗毁他人的气焰熏天，如举火焚空，终将自息。闻谤而怒，虽巧心力辩，如春蚕作茧，自取缠绵缠绕，束缚。怒不惟无益，且有害也。其余种

种过恶，皆当据理思之。此理
既明，过将自止。

和罪恶，都应当依据客观的道理
来认真思考。若能明白这个道理，
过失自然就会停止。

了凡先生所说的从情理改
正过失，不是就事论事，而是追
根究底，探寻做错事的深层原因，
从根本上找到避免再次犯错的方
法。第一，从情理上分析，理解
并原谅别人；第二，自省；第三，
根据情理平心静气地思考。因此，
不就事论事而要把握更内在的道
理，这样才能建立一个完善的品
格，获得内心的安宁，这对我们
今天的生活也有很实际的指导
意义。

毋恃勢
力而陵
偪孤寡

勿恃勢
力而凌
偪孤寡

何谓从心而改？过有千端，惟心所造。吾心不动，过安从生？学者于好色、好名、好货、好怒种种诸过，不必逐类寻求。但当一心为善，正念现前，邪念自然污染不上。如太阳当空，魍魉 wǎng liǎng。鬼怪 潜消，此精一 精粹纯一 之真传也。过由心造，亦由心改，如斩毒树，直断其根，奚 xī。疑问代词，相当于"胡""何" 必枝枝而伐，叶叶而摘哉？

大抵最上者治心，当下清净。才动即觉，觉之即无。苟未能然，须明理以遣之。又未能然，须随事以禁之。以上事而兼行下

怎样叫作从心理上改过呢？各种各样的过失，都是从心里造作出来的。我们不起心动念，过失将从哪里产生出来呢？读书人对喜欢女色、名声、财物、发怒这种种的过失，不必要一类类去寻求改过的方法，只要一心一意地发善心、做善事，正的念头及早出现，邪的念头自然就污染不了我们。好比烈日当空，所有的鬼怪自然会悄悄消失，这就是最精纯而唯一的改过方法。过失是由心造的，因此也应该由心上来改。就如斩除毒树一样，要斩就连根铲除，何必要一枝一枝地剪，一叶一叶地摘呢？

改过最好的方法是修心，当下就可使心清净。坏念头才一动，就会发觉，一发觉就立刻去除。如果做不到，那就要明白所犯过失的理由，把这种过失改掉。若是这样也做不到，那么就针对具体的事情强行

禁止。在运用高明的治心方法改过时,兼用次一等的明理而改过方法,这不算失策。若只知用低等的针对具体事情止恶的办法来改过,而不明治心明理的道理,那就不算明智了。

功,未为失策。执下而昧上,则拙矣。

评
析

过失虽然多种多样,却都是起源于人的内心。如果心念不曾乱,也不会犯下错误。改过的上策是"治心","明理"次之,"随事以禁之"是下下策。

顾发愿改过，明须良朋提醒，幽须鬼神证明。一心忏悔，昼夜不懈，经一七七天、二七十四天，以至一月、二月、三月，必有效验。或觉心神恬旷；或觉智慧顿开；或处冗沓 rǒng tà。繁杂，繁复拖沓 而触念皆通；或遇怨仇而回瞋 chēn。怒，生气 作喜；或梦吐黑物；或梦往圣先贤提携接引 佛教用语。佛教称佛、菩萨引导众生进入西方极乐世界为接引；或梦飞步太虚太空；或梦幢幡 chuáng fān。指佛教、道教所用的旌旗。幢，有执竿的宝盖；幡，无宝盖，多作悬挂之用 宝盖 佛道或帝王仪仗使用的伞盖。种种胜事，皆过消罪灭之象也。然不得执此自高，画停止而不进。

但是发愿改过，明处要有真正的益友提醒你，暗处要有鬼神监督。这样一心一意地虔诚忏悔，从早到晚，从日到夜，绝不放松，经过七天、十四天以至于一个月、两个月、三个月，一定会有效验的。或许觉得心旷神怡；或觉得忽然茅塞顿开；或是虽然处在繁忙纷乱之际仍能触类旁通；或遇到冤家仇人，能变怒为喜；或是梦见体内黑色的污秽之物一吐而净；或是梦到古时候的圣贤来提携指点；或是梦见自己凌步太虚，逍遥自在；或是梦见各种旌旗宝盖。这些难得一见的好事，都是过失消除罪孽灭去的好征兆。但是不能因此自满，而不思进取，停滞不前。

这里说的是改过之后产生的心情愉悦的效验，同时要提醒自己不要因此就自满，改过需要坚持不懈。

昔蘧伯玉_{蘧瑗。字伯玉。春秋时期卫国大夫。蘧qú}当二十岁时，已觉前日之非而尽改之矣。至二十一岁，乃知前之所改未尽也。及二十二岁，回视二十一岁，犹在梦中。岁复一岁，递递_{连续}改之，行年_{经历过的年岁}五十，而犹知四十九年之非。古人改过之学如此。

吾辈身为凡流，过恶猬集_{比喻事情繁多，像刺猬的刺那样聚在一起。}而回思往事，常若不见其有过者，心粗而眼翳_{yì。眼角膜上所生障碍视线的白斑。喻蒙蔽、遮挡}也。然人之过恶深重者，亦有效验：或心神昏塞，转头即忘；或无事而常烦恼；或见君子而赧然_{难为情、羞愧的样子。赧 nǎn}消沮_{沮丧。沮 jǔ}；或闻正论而不乐；

春秋时期卫国的贤臣蘧伯玉在二十岁的时候，已经觉得往日过错完全改掉了。到了二十一岁的时候，又觉得从前所改的过失没有彻底改完。到了二十二岁，再回忆二十一岁时，如在梦中一般。像这样一年一年地逐步改过，直到五十岁那年，还清楚知道四十九年中的过失。古人改过的功夫就是如此。

我们都是凡人，身上的过失罪恶就像刺猬身上的刺一样多。而回想过去的事情，常常像看不到自己的过失，这是因为粗心而眼睛被蒙蔽的结果。但是罪恶深重的人，也会有效验可以看出来：或者是心思闭塞，事情转头就忘；或者是不值得烦恼的事，也常常感觉烦恼；或者是见到品德高尚的君子，便觉得难为情，垂头丧气；或者是听闻正道就闷闷不乐；

或者是有施恩惠给别人，对方不领情反倒恨你；或者是夜里都做些乱七八糟的梦，甚至语无伦次、神志不清。这都是作孽的征象啊！假使你有上边所说的一种情形，就应该即刻提起精神，奋发向上，把旧的种种过失一起改掉，开辟一条新的人生大道，千万不要耽误了自己啊！

或施惠而人反怨；或夜梦颠倒，甚则妄言失志。皆作孽之相也。苟一类此，即须奋发，舍旧图新，幸勿自误。

> 孽 做坏事，造孽。孽 niè

评析　　从贤大夫蘧伯玉改过的事例，可以看出古人坚持不懈改过过程中的执着精神。寻常之人常犯错误，但不能认识到。了凡先生指出罪恶深重也有效验表现出来。因此，在日常生活中，我们不能沉溺于浑浑噩噩的生活状态中，应当做一个"有心人"，要不断地反观自身，反省自己言行，使之符合一定的道德准则。

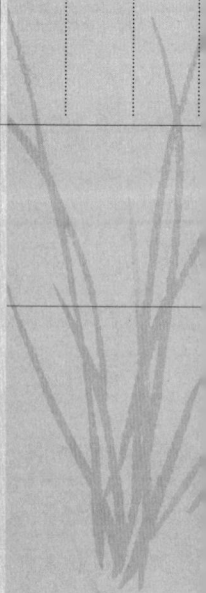

《易经》曰："积善之家，必有余庆。积不善之家，必有余殃。"中国圣贤第一人，就数孔子，世代子孙都不衰。百善孝为先，中国人讲孝道，首推大舜，这是尽孝的模范。了凡先生先肯定了孔家和舜是德行的表率，接着进一步用先前的十个例子来加以验证。

值得注意的是，这些例子都是家族人丁兴旺、官员辈出之家。这是因为在中国，高官厚禄、光宗耀祖的传统思想根深蒂固。而中国古代长期实行封建宗法制，个人如果做了官，就可以给自己的宗族和祖先带来荣耀。这也是为什么福报宣扬的都是子孙兴旺、高官厚禄的原因。这些也是需要我们清醒对待的地方。

杨少师（指杨荣。字勉仁，初名子荣。少师，官名。周朝置少师、少傅、少保以辅天子。杨荣于正统三年晋升少师）荣，建宁人，世以济渡（摆渡）为生。久雨溪涨，横流冲毁民居，溺死者顺流而下。他舟皆捞取货物，独少师曾祖及祖惟救人，而货物一无所取，乡人嗤（chī。讥笑）其愚。逮（dài。到，及）少师父生，家渐裕。有神人化为道者，语之曰："汝祖父有阴功，子孙当贵显，宜葬某地。"遂依其所指而窆（biǎn。埋葬）之，即今白兔坟也。后生少师，弱冠（二十岁。明沿周制，以太师、太傅、太保为三公。杨荣死后获赠太师）登第，位至三公。加曾祖、祖、父，如其官。子孙贵盛，至今尚多贤者。

少师杨荣，福建省建宁人。祖上世代以摆渡为生。连日大雨，河水暴涨，水势汹涌冲毁了民房，被淹死的人顺着水流一直漂下来。别的船都去打捞水中漂来的货物，只有少师的曾祖父和祖父，专门去救落水的灾民，而货物一件都不捞，乡人都讥笑他们傻。等到杨荣的父亲出生后，杨家家道渐渐地富裕起来。有一位神仙化做道士的模样，对少师的父亲说："你的祖父积了许多阴德，子孙一定会享受荣华富贵，你们祖上适合安葬在某地。"少师的父亲听了，就照道士所指定的地方，把他先祖安葬，这就是现在的白兔坟。后来杨荣出生了，到了二十岁就登科及第。做官一直做到三公少师。皇帝还追封了他的曾祖父、祖父、父亲与少师一样的官位。杨家的子孙后代，都显贵兴旺，到现在还有许多贤能之士。

评

析

杨荣的曾祖父、祖父大水来了只救人，财物一概都不取，旁人笑其是傻瓜，其实是在积德。在这种生命危急的时刻，一个人思想的高尚与否立见分晓。佛教认为，人的善恶行为，会在后世子孙身上得到报应。善有善报，恶有恶报，也是中国传统道德教育的一个很关键的内容。

鄞（yín。地名。在今浙江省宁波）人杨自惩，初为县吏，存心仁厚，守法公平。时县宰严肃，偶挞（tà。用鞭棍击打人）一囚，血流满前，而怒犹未息，杨跪而宽解之。宰曰："怎奈此人越法悖（bèi。违背）理，不由人不怒。"自惩叩首曰："上失其道，民散（涣散，无所依靠）久矣，如得其情，哀矜（矜jīn，怜惜）勿喜；喜且不可，而况怒乎？"宰为之霁颜（霁jì。收敛威严而呈和悦之色）。

家甚贫，馈遗（kuì wèi。赠送财物）一无所取，遇囚人乏粮，常多方以济之。一日，有新囚数人待哺，家又缺米，给囚则家人无食，自顾则囚人堪悯，与其妇商之。

妇曰："囚从何来？"

浙江宁波人杨自惩，起初做县吏，心地厚道，公正无私。当时的县官，为人严厉方正，有一次鞭打一个囚犯，打得血流满地，而县官还未息怒。杨自惩就跪地替囚犯求情，请县官息怒。县官说："此人伤天害理，怎能叫人不发怒？"杨自惩叩头说："在上位的人偏离了正道，百姓已离心离德很久了。若能弄清他们的实情，便会可怜他们而不是高兴。高兴尚不可以，更何况发怒呢？"那县官听了杨自惩的话，神情和缓不少。

杨自惩的家里很穷，但他从不接受别人的馈赠。碰到囚犯缺粮，他常想许多方法救济他们。有一天，来了几个新的囚犯，没有东西吃，杨自惩自己家里也缺米。如果供应囚犯，家人就没饭可吃；只顾自己吃，囚犯又饿得很可怜。他便同妻子商量。

他的妻子问："犯人从什么地方来的？"

说："是从杭州来的。沿途挨饿，面带菜色。"

于是，夫妇俩就分出家里的米，煮稀饭给新来的囚犯吃。后来他们生了两个儿子，大的叫作守陈，小的叫作守址，分别任南北吏部侍郎。长孙做到刑部侍郎，次孙也做到四川廉访使，还都是名臣。当今的楚亭和德政，也是杨自惩的后代。

曰："自杭而来。沿路忍饥，菜色可掬_{jū。用两手捧。}。"

因撤己之米，煮粥以食_{sì。拿东西给人吃}囚。后生二子，长曰守陈，次曰守址，为南北吏部侍郎_{官名。汉武帝时始置郎官，本为在宫廷常侍皇帝左右的近臣。隋唐后，为中书省、门下以及尚书省所属各部的副长官，明时与尚书同为各部的长官。}。长孙为刑部侍郎，次孙为四川廉宪_{官名。廉访使的俗称}，又俱为名臣。今楚亭、德政，亦其裔也。

评析

相对刑法，中国古代社会的主流思想更注重德治，因此杨自惩劝解县令怜悯罪犯。他虽然清贫廉洁，但遇到囚犯缺粮，也和妻子想办法救济。由此可见，不论自己目前过什么样的生活，在社会上是什么样的地位，从事什么样的行业，只要存心有利于社会、有益于人民之念，就是积功累德。

昔正统明英宗朱祁镇的年号间，邓茂七

原名邓云。正统十三年（1448 年）二月在
福建沙县陈山寨建立政权，自称铲平王倡乱于

福建，士民读书人和一般百姓从贼者甚众。

朝廷起鄞县张都宪都御史的别称。为都察院长官。常纠劾百司，

辨时冤枉，提督各道，为天子耳目楷南征，以计擒贼。

后委布政司承宣布政使司的简称。管理全省财政、民政等谢都

事，搜杀东路贼党。谢求贼中

党附册籍，凡不附贼者，密授

以白布小旗，约兵至日，插旗

门首，戒告诫，禁戒军兵无妄杀，

全活万人。后谢之子迁中状元

科举考试中文武科殿试第一名，为宰辅辅佐皇帝的大臣。孙丕

复中探花科举考试中殿试第三名。

以前英宗正统年间，邓茂七在福建一带造反，读书人和老百姓追随他的人很多。皇帝就起用鄞县都宪张楷南下征剿他们，张都宪用计策把邓茂七捉住了。后来朝廷又派布政司的谢都事，去剿杀东路的土匪。谢都事找到贼党者的名单，暗中给没有依附贼党的百姓一面白布小旗，约定搜查贼党的官兵到的那一天，把这面白布小旗插在自己家门口，并且告诫官兵不准乱杀，保全了数万百姓的性命。后来谢都事的儿子谢迁中了状元，官至宰相。他的孙子谢丕又中了探花。

作为统兵的将领，谢都事
懂得积德，爱惜生命，军队纪律
森严不冤枉人，不滥杀无辜，所
以他的后代有显贵的人出现。

福建莆田林家，他们的上辈中有一位老太太乐善好施，时常用米粉做粉团施舍给别人，有求必应，脸上没有表现出一点厌烦。有位仙人化身道士，每天早晨向她讨六七个粉团。老太太每天给他，三年如一日。仙人这才确信她是诚心做善事。于是就向她说："我吃了你三年的粉团，用什么报答你呢？你家屋后有一块地，你死后葬在这块地上，后代子孙会获官爵就会像一升麻子那么多。"

后来老太太去世了，她的儿子依照仙人的指点安葬了老太太。接下来一代就有九人考中。后来世代高官显宦非常多。福建省有"无林不开榜"的歌谣。

莆田林氏，先世有老母好善，常作粉团施人，求取即与之，无倦色。一仙化为道人，每旦索食六七团。母日日与之，终三年如一日。乃知其诚也。因谓之曰："吾食汝三年粉团，何以报汝？府后有一地，葬之，子孙官爵，有一升麻子之数。"

其子依所点葬之，初世即有九人登第，累代簪缨 古代达官贵人的冠饰。后借以指高官显宦。簪 zān，用来固定发髻或联结冠发的针形首饰 甚盛。福建有"无林不开榜"之谣。

林家老太太，乐善好施，而且布施心诚恳，终年不疲不倦，自有好果报。这个家族非常兴旺，虽然得力于祖宗积德，但是这也说明子孙仍旧不断行善积德，保持家风，才能代代不坠。

冯琢庵（冯琦。字用韫，号琢庵。明万历年间进士）太史（官名。史官与历官。明时，修史之事由翰林院负责，又称翰林为太史）之父，为邑（yì。旧指县）庠生（明代府、州、县学的生员别称。庠 xiáng，古代的学校。西周将庠学归于乡学，后世又称府学为郡庠，县学为邑庠，故府、州、县学生员通称庠生）。隆冬早起赴学，路遇一人，倒卧雪中，扪（mén。按，摸）之，半殭（jiāng。同"僵"）矣。遂解己绵裘衣之，且扶归救苏。梦神告之曰："汝救人一命，出至诚心，吾遣韩琦（北宋大臣）为汝子。"及生琢庵，遂名琦。

冯琢庵太史的父亲，是县里的一位秀才。一个寒冷冬天的清早，在去学堂的路上，他遇到一个人倒在雪地里，用手摸了摸，已经冻僵了一半。冯先生马上就把自己的棉衣皮袍脱下来给这个人穿上，并且扶他到自己家里，把他救醒。后来就梦见一位神仙告诉他说："你救人一命，完全出自一片至诚之心，我要派韩琦做你的儿子。"等到后来琢庵出生了，就取名叫"琦"。

评析

佛家讲："救人一命，胜造七级浮屠。""浮屠"是宝塔，"七级"是七层的宝塔。一般人只知道建寺庙造宝塔的功德很大，不知救济处在饥饿边缘，或是生病而乏医药的人，功德更是无量无边。救人一命，果报不可思议，得福甚大。

浙江台州有位应尚书，年轻的时候在山中读书。夜里头，鬼常聚在一起啸叫，时常很吓人，但应公不怕。有一夜，应公听到一个鬼说："一个妇人，因为丈夫出门在外，好久没回来，她的公婆就逼她改嫁。明天夜里，她就要在这里上吊，我可以找到一个替身了。"应公听到这些话，偷偷地把自己的田地卖了四两银子，随后以妇人丈夫的名义伪造了一封信，连同银子寄到她家。这位外出人的父母看了信，笔迹不像，怀疑信是假的。但后来他们又说："信是可以假，但是银子却不假呀！想来儿子一定很平安。"妇人就没有改嫁。后来他们的儿子回来了，夫妇两人相爱如初。

应公又听到鬼说："我本来

台州应尚书（应大猷。字邦升，号容庵。明正德年间进士，官至刑部尚书），壮年习业于山中。夜鬼啸集，往往惊人，公不惧也。一夕闻鬼云："某妇以夫久客（羁旅在外）不归，翁姑逼其嫁人。明夜当缢（yì。上吊）死于此，吾得代矣。"公潜（暗中。私下）卖田，得银四两，即伪作其夫之书，寄银还家。其父母见书，以手迹不类，疑之。既而曰："书可假，银不可假，想儿无恙。"妇遂不嫁。其子后归，夫妇相保如初。

公又闻鬼语曰："我当得

代，奈此秀才坏吾事。"

旁一鬼曰："尔何不祸之？"

曰："上帝以此人心好，命作阴德尚书矣，吾何得而祸之？"

应公因此益自努励，善日加修，德日加厚。遇岁饥，辄捐谷以赈之；遇亲戚有急，辄委曲_{周全}维持；遇有横逆_{强暴无理}，辄反躬自责，怡然顺受。子孙登科第者，今累累也。

可以找到替身了，哪知道被这个秀才坏了我的事啊。"

旁边一个鬼说："你为什么不去害死他呢？"

那个鬼说："上天因为这个人心好，积了阴德，要让他去做尚书了，我怎么还能害得了他呢？"

应公于是更加努力，日日行善事，功德渐增。遇到荒年的时候，他就捐粮赈灾；碰到亲戚有急事，他一定想尽办法帮助人家渡过难关；碰到蛮横的人，或不如意的事，总会反省自责过失，心平气和地接受事实。他的子孙得到功名官位的，到现在已经有很多。

评析

"宁拆十座庙，不破一门婚"，应尚书不仅救了这个媳妇一命，而且还保全了这一对夫妇不至于分离。他做的这件事情没有人知道，所以他是积了一桩阴德。后来，应尚书更加勉励自己，努力断恶修善，善天天增加，德天天加厚。

常熟有一位徐凤竹先生，他的父亲一直很富有。一次碰到了荒年，就先把他应收的田租全部减免，以倡导全县有田的人响应。接着又分粮去救济穷人。有一天夜里，他听到有鬼在门口唱道："千不诓，万不诓，徐家秀才，做到了举人郎！"那些鬼连续不断地呼叫，夜夜不停。这一年，徐凤竹去参加乡试，果然中了举人。他的父亲因而更加努力去行善积德，孜孜不倦。修桥铺路，斋僧接众，凡是对别人有好处的事情，无不尽心去做。后来他又听到鬼在门前唱道："千不诓，万不诓，徐家举人，直做到都堂！"徐凤竹后来官至两浙巡抚。

常熟徐凤竹栻（名栻，字世宣，号凤竹。嘉靖二十六年进士，官至南京工部尚书。栻 shì），其父素（向来，一向）富，偶遇年荒，先捐租以为同邑之倡（chàng。倡导，首先提出），又分谷以赈贫乏。夜闻鬼唱于门曰："千不诓（欺骗），万不诓，徐家秀才，做到了举人郎。"相续而呼，连夜不断。是岁，凤竹果举于乡（乡试），其父因而益积德，孳孳（同"孜孜"，勤奋不懈的样子）不怠。修桥修路，斋僧接众（接待行脚僧，为之提供歇息住宿之所），凡有利益（佛教用语。有益于他人为利益），无不尽心。后又闻鬼唱于门曰："千不诓，万不诓，徐家举人，直做到都堂（隋、唐及宋代尚书省长官办事处。明、清时称都察院堂上官为都堂。总督、巡抚加都御史、副金都御史头衔的，也称都堂。）。"凤竹官终两浙巡抚。

作为富裕之人能救济贫困的人，在现在看来也是值得称道的事情，这与当前出现的唯利是图、为富不仁等现象形成对比。因此在一部分人先富起来的社会现状面前，我们更应该提倡富裕的人多做慈善。

浙江省嘉兴县的屠勋，死后谥号康僖。起初为刑部主事官，经常夜里就住在监狱里，并且仔细询问囚犯的情况，结果发现不少被冤枉的。屠公并没把这当作自己有功劳，而是秘密地把这件事记下，上公文告诉了刑部堂官。后来到了秋审的时候，刑部堂官选摘屠公所提供的材料为参考来审问那些囚犯，没有一个不信服的，结果释放了十多个无罪的囚犯。一时间，京城的百姓都称赞刑部尚书明察秋毫。后来屠公又向尚书上了一份公文说："京城尚且有那么多被冤枉的人，而全国这样大的地方，百姓众多，难道其他地方就没有被冤枉的人吗？应该每五年派一位减刑官，到各地去细查囚犯犯罪的实情，平反冤民。"尚书就向皇帝上奏此事，皇帝批准了他的建议。当时屠公也被任命为减刑官。有一天晚上

嘉兴屠康僖 屠勋。名勋，字元勋，号东湖，谥康僖。明代刑部尚书

公，初为刑部主事官名，宿狱中，细询诸囚情状，得无辜者若干人。公不自以为功，密疏其事，以白堂官 即殿堂上的官。明代对中央各部门官员如尚书、侍郎等的通称。后朝审 对判处死刑尚未执行的案犯于秋后重新进行审理的制度，堂官摘其语，以讯诸囚，无不服者，释冤抑十余人。一时辇下 即辇毂下。辇毂 niǎn gǔ，指帝王的车驾。引申为京都、京城咸 全，都颂尚书之明。公复禀曰："辇毂之下，尚多冤民，四海之广，兆民之众，岂无枉者？宜五年差一减刑官，核实而平反之。"尚书为奏，允其议。时公亦差减刑之列，梦一神告之

曰："汝命无子，今减刑之议，深合天心，上帝赐汝三子，皆衣紫腰金_{也作"腰金衣紫"。腰中束金带，身上穿着紫袍。指做了大官}。"是夕，夫人有娠。后生应埙_{xūn}、应坤、应埈_{lèng}，皆显官_{高官}。

屠公梦见神仙告诉他说："你命里本来没有儿子，但是因为你提出减刑的建议，正与天心相合，所以上天赐给你三个儿子，将来都可以享高官厚禄。"这天晚上，屠公的夫人就有了身孕。后来生下了应埙、应坤、应埈三个儿子，都做了高官。

评
析

屠勋查明案情后，他并不将此当作自己的功劳，而是私下把事情的原委呈报给刑部堂官，这说明他不心生贪占、贪功之念，这可以消除很多争端的祸根。另外作为官员能从实际出发，真正考虑百姓的疾苦，为民申冤，这种明察秋毫的精神还是值得当前官员学习的。

嘉兴的包凭，字信之。他的父亲是安徽池阳的太守，生有七个儿子，包凭是最小的。他被平湖县袁氏招赘做女婿，和我父亲常常来往，交情很深。他的学问广博，才气很高，但是每次考试都考不中，他很注意研究佛教、道教的学问。有一天，他向东去泖湖游玩，偶然到了一处乡村的佛寺里，看见观世音菩萨的圣像在露天里被雨打风吹，当即就取出他袋子中的十两银子，交给寺里的住持，叫他修葺寺院房屋。住持告诉他说："修寺的工程大，银子少，不够用，没法完工。"他又拿了松江出产的布四匹，再取出竹箱里的七件衣服给和尚。其中一件用麻织料的夹衣是新做的，仆人请他不要捐了，包凭说："只要观世音菩萨的圣像安然无恙，我就是赤身露体又有什么关

嘉兴包凭，字信之。其父为池阳太守_{官名。秦置郡守，汉景帝时改名太守，为一郡最高行政官员。明时专指知府，}生七子，凭最少。赘_{入赘}平湖袁氏，与吾父往来甚厚。博学高才，累举不第，留心二氏_{佛、道两家}之学。一日东游泖_{mǎo}湖，偶至一村寺中，见观音像，淋漓露立。即解橐_{tuó。盛东西的袋子}中得十金，授主僧，令修屋宇。僧告以功大银少，不能竣_{jùn。结束、完成}事。复取松布四疋_{pǐ。同"匹"，古代长度单位。四丈为一匹，或说八丈为一匹，}检箧_{qiè。小箱子，藏物之具。大为箱，小为箧。}中衣七件与之。内纻_{zhù。苎麻，也指苎麻织的布}褶_{dié。夹衣}，系新置，其仆请已之，凭曰："但得圣像无恙，吾虽裸裎_{赤身露体。裎 chéng，脱衣露体}何伤？"僧

垂泪曰："舍银及衣布,犹非难事。只此一点心,如何易得。"后功完,拉老父同游,宿寺中。公梦伽蓝

> 伽蓝 qié lán。指佛寺中各种建筑的总称。这里指佛寺中的护法神。佛典原谓有美音、梵音、天鼓、雷音、狮子等十八神护伽蓝

来谢曰："汝子当享世禄矣。"后子汴 biàn,孙柽 chēng 芳,皆登第,作显官。

系呢?"住持感动流泪说:"施舍银两和衣服布匹,还不是件难事,只是这一片诚心,怎么容易得到呀!"后来房屋修好了,包凭就拉着他父亲同游这座佛寺,并且住在寺中。晚上包凭梦到寺里的护法神来谢说:"你的儿子当世世代代享受官禄了。"后来他的儿子包汴,孙子包柽芳,都中了进士,做了高官。

评析

儒、佛、道三教是入世、修身、出世三方面的学问。儒学提倡积极入世，但有时在现实中会遇到挫折，目标难以实现，那么道教避世的人生理想可以作为补充，它提倡顺其自然。佛教帮助人以出世的心态来超然处世。因此，"入则儒法，出者释道"的情景在古代知识分子中很常见。

修缮寺院道场、造佛像，功德很大。但是功德必须具足条件：如果只是造佛菩萨形象，没有弘法利生，一般人看到佛像容易产生迷信，不但没有利益，反而让许多众生造罪业，这就错了。佛像具有表法的意义，佛家用这种方式时时刻刻提醒我们。譬如，我们见到观世音菩萨像，就要想到我要像观世音菩萨一样慈悲，帮助世间一切苦难众生，这个像的功德就大了。如果不晓得这个道理，将佛像当作神明，只是烧香、膜拜、求福、求寿、求儿女、求升官发财，那就是迷信了。

嘉善支立_{字可兴，号十竹轩主人。明朝学者。曾任浙江嘉善县令}之父，为刑房吏_{掌管法律、刑狱事务的官员。}有囚无辜陷重辟_{极刑，死罪。辟 bì，罪，罪名}，意哀之，欲求其生。囚语其妻曰："支公嘉意，愧无以报，明日延_{请，引进}之下乡，汝以身事之，彼或肯用意，则我可生也。"其妻泣而听命。及至，妻自出劝酒，具告以夫意。支不听，卒_{最终}为尽力平反之。囚出狱，夫妻登门叩谢曰："公如此厚德，晚世_{近世}所稀，今无子，吾有弱女，送为箕帚妾_{妻子的谦称。箕帚 zhǒu，扫除的工具}，此则礼之可通者。"支为备礼而纳之。

浙江嘉善县支立的父亲，是刑房的官吏。有个囚犯，因为被人冤枉陷害，判了死罪，支立父亲很可怜他，想救他一命。那个囚犯告诉他的妻子说："支公的好意，我觉得很惭愧没法子报答。明天请他到乡下来，你就委身于他。他若是肯用心，那么我就可能保住性命。"他的妻子哭着答应了。支立父亲到了乡下，囚犯的妻子亲自出来劝酒，并且把她丈夫的意思都告诉了支立的父亲。支立的父亲不愿意这样做，但最终还是尽力替这个囚犯平反。后来，囚犯出狱，夫妻二人一起到他家里叩头拜谢说："您这样厚德的人，近世实在是少有。现在您没有儿子，我有一个女儿，送给您做小妾吧，这在情理上可以说得通。"支立的父亲听了他的话，就预备了礼物，把这个囚犯的女

生立，弱冠中魁，官至翰林孔
目_{翰林院官名。}立生高，高生禄，皆贡
_{被举荐}为学博_{学官。唐代府郡设置经、学博士各一人，教授学生。后泛称学官为学博。}
禄生大纶，登第。

儿迎娶为妾，后来生下了支立，二十岁就中了举人，官做到翰林院的文书。支立生儿子支高，支高生儿子支禄，都被保荐为县里的学官。支禄生儿子支大纶，考中了进士。

支立的父亲作为刑房的官吏看到有位囚犯遭冤屈，被判死罪很可怜，心生慈悲，无条件为其平反冤狱，厚德感动囚犯，将其女儿送给他为小妾。《易经》中记载："得妾以其子。"古代纳妾的目的是传宗接代，所以支立的父亲备好礼物迎娶没有什么不妥。但今人从这件事可以看到，"父母之命，媒妁之言"，当时女性在婚姻上没有自己做主的权利。

凡此十条，所行不同，同归于善而已。若复精而言之，则善有真有假，有端^{正直}有曲，有阴有阳，有是非，有偏有正，有半有满，有大有小，有难有易，皆当深辨。为善而不穷理^{穷究事物之理}，则自谓行持^{佛教用语。谓精勤修行，持守戒律}，岂知造孽^{佛教指前世做坏事今生受报应，现在做坏事将来要受报应。泛指做坏事}，枉费苦心，无益也。

以上这十个故事，虽然每人所做的各不相同，但共同的都是行善。若是要再精确地讲，那么做善事有真有假，有直有曲，有阴有阳，有是有非，有偏有正，有半有满，有大有小，有难有易，这都应该要仔细地辨别。行善而不去追究其中的道理，自认为是精勤修行，哪知道这反是造孽，白费苦心，没有一点好处！

以上所举的十个故事，都是全心全力利于别人、利于社会、利于国家的好事。了凡先生再进一步教导他的儿子，"善"事必须要有能力辨别，如果只做善事而不讲究做善事的道理，就自认为是在行善，有可能适得其反，白白浪费一片苦心。

怎么叫作真、假呢？从前有几个读书人，去拜见天目山的高僧中峰和尚，问说："佛家讲善恶的报应，如影随形。为什么现在某人行善，他的子孙反而不兴旺；某人作恶，他的家反倒发达得很。佛说的因果报应，是无稽之谈啊。"中峰和尚说："凡人情感欲望还没洗除，法眼未开，所以把真的善行反认为是恶的，真的恶行反认为是善的，这是常有的事情。不抱怨自己颠倒是非，却反而抱怨上天报应有误。"大家又说："善恶哪里会弄得相反呢？"中峰和尚听了之后，便叫他们把所认为是善、恶的事情都说出来。其中有一个人说："骂人打人是恶；恭敬人、以礼待人是善。"中峰和尚回答说："未必如此。"另一个人说："贪财，未经许可擅自取用是恶，清清白白坚守正道

何谓真、假？ 昔有儒生数辈，谒（yè。拜见）中峰和尚（元代高僧明本。姓孙，名明本，字中峰，号幻住道人。元仁宗赐号"佛慈圆照广慧禅师"），问曰："佛氏论善恶报应，如影随形。今某人善，而子孙不兴；某人恶，而家门隆盛。佛说无稽（无从考查，没有根据。稽 jī，考查，考核）矣。"中峰云："凡情（凡人的情感欲望）未涤，正眼（佛教用语。指正法眼藏。禅宗用来指全体佛法（正法）。朗照宇庙谓眼，包含万有谓藏。藏 zàng）未开，认善为恶，指恶为善，往往有之。不憾己之是非颠倒，而反怨天之报应有差乎。"众曰："善恶何致相反？"中峰令试言其状。一人谓："詈（lì。责骂人殴打人是恶）殴打人是恶，敬人礼人是善。"中峰云："未必然也。"一人谓："贪财妄取是恶，廉洁有守是

善。"中峰云："未必然也。"众人历言其状，中峰皆谓不然。因请问。中峰告之曰："有益于人，是善；有益于己，是恶。有益于人，则殴人、詈人皆善也；有益于己，则敬人、礼人皆恶也。是故人之行善，利人者公，公则为真；利己者私，私则为假。又根心_{发自内心，自觉自愿}者真；袭迹_{因循，效仿}者假。又无为而为者真；有为而为者假。皆当自考。"

是善。"中峰和尚说："未必如此。"大家历数心中善恶的行为，中峰和尚都说未必如此。大家于是请教他。中峰和尚告诉他们说："做对别人有益的事情是善；做对自己有益的事情是恶。有益于别人，哪怕是打人骂人都是善；有益于自己，就算是恭敬人、以礼待人也都是恶。所以人行善，使他人得益就是公，公就是真；只想到自己得到利益就是私，私就是假。并且从良心上所发出来的善行是真；只是模仿他人的行为便是假。还有，为善不求报答，那么所做的善事是真；为着某种目的才去行善就是假。这些你们自己都要仔细地考察。"

人们做善事，能利于别人就是出于公心，就是真善；而只想自己所得利益就是私，出于私心就是伪善。一定要出于真心去做善事，而不是只做一些表面文章。

什么叫作直、曲呢？现在的人，看见谨慎老实、处处讨好恭顺的人，都称他是善人，而且还看重他。然而古时的圣贤，却宁愿欣赏看似狂放但内心耿直的人。至于那些看起来谨慎小心、处处恭顺讨好的人，虽然在乡里，大家都喜欢他们，但是圣人必定认为这种人是道德的破坏者。这样看来，世俗人所说的善恶观念正好和圣人相反。从这一点推论，凡人对善恶的种种取舍，没有不错误的。天地鬼神庇佑善人而报应恶人，都与圣人对是非的判断相一致，而与世俗的看法不相同。所以凡要积功德，绝对不可以被声色驱使，而应从内心深处出发，默默地洗涤清净。全是救济世人的心就是直，有丝毫讨好世俗的心就是曲；全是爱人的心就是直，有丝毫对世人怨恨不平的心就是

何谓端、曲？今人见谨愿^{谨慎老实，处处恭顺讨好}之士，类称为善而取之。圣人则宁取狂狷^{行为狂放，洁身自守。狷juàn}。至于谨愿之士，虽一乡皆好，而必以为德之贼^{道德败坏者。语出《论语·阳货》："乡愿，德之贼也。"}。是世人之善恶，分明与圣人相反。推此一端，种种取舍，无有不谬。天地鬼神之福善祸淫，皆与圣人同是非，而不与世俗同取舍。凡欲积善，决不可徇耳目^{被声色役使。徇xùn，依从，遵从}，惟从心源^{佛教用语。指以心为万法根源}隐微处，默默洗涤。纯是济世之心则为端，苟有一毫媚世之心即为曲；纯是爱人之心则为端，有一毫愤世之心即

为曲；纯是敬人之心则为端，有一毫玩世之心即为曲。皆当细辨。

曲；完全恭敬别人的心就是直，有丝毫玩弄世人的心就是曲。这些都应该仔细地去分辨。

要仔细辨别端曲，做善事要从内心念头出发，默默地洗涤清净，不可让邪恶的念头污染了自己的心。

怎样叫作阴、阳呢？凡是做善事被人知道了，叫作阳善；做善事而别人不知道，叫作阴德。积阴德的人，上天自然会知道并且会回报他的；行阳善的人，便享受世上的美名。享受好名声也是福。名声为天地所忌。世间享有盛名而实际却不相符的人，常会遭遇到料想不到的横祸；一个并没有过失差错反倒无故背上恶名的人，他的子孙常常会忽然间发达起来。阴德和阳善的分别真是微妙啊！

何谓阴、阳？凡为善而人知之，则为阳善；为善而人不知，则为阴德。阴德，天报之；阳善，享世名。名，亦福也。名者，造物所忌。世之享盛名而实不副_{符合，相称}者，多有奇祸；人之无过咎_{过错，错误。咎jiù}而横被恶名者，子孙往往骤发。阴阳之际微矣哉。

评析

这一段强调行善事不要大肆宣扬。为善"知名度高"，名也是福，但名是天地鬼神都忌讳的。"行善"知名度很高的人，如果没有实德，往往会遇到意想不到的灾害。"实至名归"应该是我们的追求。

何谓是、非？鲁国之法，鲁人有赎人臣妾（西周、春秋时对服贱役的奴隶的称呼。男性奴隶称臣，女性奴隶称妾）于诸侯，皆受金于府，子贡（姓端木，名赐，字子贡。孔子弟子）赎人而不受金。孔子闻而恶（wù。讨厌、排斥。引申为责备）之曰："赐失之矣。夫圣人举事，可以移风易俗，而教道可施于百姓，非独适己之行也。今鲁国富者寡而贫者众，受金则为不廉，何以相赎乎？自今以后，不复赎人于诸侯矣。"

子路（姓仲，名由，字子路，又字季路。孔子弟子）拯人于溺，其人谢之以牛，子路受之。孔子喜曰："自今鲁国多拯人于溺矣。"自俗眼观之，子贡不受金为优，子路之受牛为劣，

什么叫作是、非呢？春秋时代的鲁国法律规定，凡是出钱赎回在其他诸侯那里做奴隶的鲁国人，就获得官府的赏金。但是子贡赎了人，却是不肯接受赏金。孔子听到之后，责备地说："这件事子贡做错了。凡是圣贤要做的事情，是把风俗变好，教化百姓，不是单单为了自己称心才去做。现在鲁国富有的人少，穷苦的人多，若是受了赏金就算是贪财，那么以后谁还愿意赎人？从此以后，就不会再有人向诸侯赎人了。"

子路救了一个溺水者，那个人就送一头牛来答谢，子路就接受了。孔子知道了，很欣慰地说："从今以后，鲁国救溺水者的人就会多起来。"用世俗的眼光来看，子贡不接受赏金是优，子路接受牛是劣。孔子却称赞子路而

责备子贡。于是我们知道一个人行善，不要看他当时的行动效果，而要看是不是对后世有不良影响；不要论一时，而要看久远；不要看自身得失而要看对众人的影响。现在所为虽然是善，但其影响对人有害，那就看着虽然像善，实际上还不是善；现在所行虽然不是善，但是如果影响能够帮助人，那就看着虽然像不善，实际上是善！这只不过是其中的一方面而已。其他如非义之义，非礼之礼，非信之信，非慈之慈，都应当加以辨别。

孔子则取由而黜_{chù。贬低}赐焉。乃知人之为善，不论现行而论流弊_{相沿而成的弊病}，不论一时而论久远，不论一身而论天下。现行虽善，而其流_{传播}足以害人，则似善而实非也；现行虽不善，而其流足以济人，则非善而实是也。然此就一节论之耳。他如非义之义，非礼之礼，非信之信，非慈之慈，皆当抉择。

要知道一个人做善事，不能只看眼前的效果，而要讲究是不是会产生不良影响；不能只论一时的影响，而是要讲究长远的是非；不能只论个人的得失，而是要讲究它对天下大众的影响。

什么叫作偏、正呢？当年吕文懿公，刚辞掉宰相的官位，回到家乡，国内百姓敬仰他如对泰山北斗一般。有一个同乡，喝醉酒后骂他，吕公并没有因为被他骂而生气，对别人说："这个人喝酒醉了，不要和他计较。"吕公就关了门，不理睬他。过了一年，这个人犯了死罪入狱，吕公才懊悔说道："若是当时同他计较，将他送到官府治罪，可以用小惩罚而收到大规诫的效果，他就不至于犯下死罪了。我当时只想心存厚道，反而助养他的恶性，以至于走到这一步。"这就是存善心反倒做了恶事的一个例子。

也有恶心反而做了善事的例子。如有一个大富之家，碰到荒年，穷人大白天在市场上抢粮。告到县官那里，县官却不受理这个案

何谓偏、正？昔吕文懿公 吕原。字逢原，号介庵，谥文懿。明朝大臣，初辞相位，归故里，海内仰之，如泰山北斗 比喻德高望重或卓有成就而为众人所敬仰的人。有一乡人，醉而詈之，吕公不动，谓其仆曰："醉者勿与较也。"闭门谢之。逾年 过了一年，其人犯死刑入狱。吕公始悔之曰："使当时稍与计较，送公家 指朝廷、官府责治，可以小惩而大戒。吾当时只欲存心于厚，不谓养成其恶，以至于此。"此以善心而行恶事者也。

又有以恶心而行善事者。如某家大富，值岁荒，穷民白昼抢粟于市。告之县，县不理，

穷民愈肆。遂私执而困辱_{使受困窘}之，众始定。不然，几乱矣。故善者为正，恶者为偏，人皆知之。其以善心而行恶事者，正中偏也；以恶心而行善事者，偏中正也。不可不知也。

子。穷人因此胆子更大，愈加放肆。于是这家人就私自抓了抢粮的人，关起来羞辱，这样抢粮的人才安定下来。若不是因为这样，几乎大乱了。所以善是正，恶是偏，这是大家都知道的。用善心去做恶事，是正中之偏；用恶心去行善事，是偏中之正。不可以不知道。

评析

"千里之堤，毁于蚁穴"，要防微杜渐，防患于未然。心存仁厚，反而纵容了他人的恶习，因此对于不良的行为应该及时制止。

什么叫作半、满呢？《易经》上说："不积善行，不会成就好的名誉；不积恶行，则不会有杀身的大祸。"《尚书》上说："商纣王恶贯满盈。"就像把东西装进一个容器里一样，勤加积累则满，懈怠而不积累则不满。这是一种说法。

从前有一户人家的女子到佛寺里，想要布施可身上没有财宝，只有两文钱，就拿来捐给寺庙。寺里的住持亲自替她在佛前回向，求忏悔灭罪。后来这位女子进了皇宫，富贵之后，便带了千两银子来寺里布施，这位住持，却只是叫他的徒弟替那个女子回向罢了。女子就问主持说："我从前不过布施两文钱，师父就亲自替我忏悔。现在我布施了千两银子，而师父不替我回向，这是为什么？"主持回答她说："从前布施的银

何谓半、满？《易》_{《周易·系辞上》}曰："善不积，不足以成名；恶不积，不足以灭身。"《书》_{《尚书·周书·泰誓上》}曰："商_{指商纣王}罪贯盈_{以绳索穿钱，穿得满满的。多指罪恶极大。}。"如贮物于器，勤而积之则满，懈而不积则不满。此一说也。

昔有某氏女入寺，欲施而无财，止有钱二文，捐而与之。主席_{寺庙住持}者亲为忏悔_{对自己的过错或罪恶进行反省并决心改正。此指脱罪祈福的宗教仪式。忏 chàn。}及后入宫富贵，携数千金入寺舍之，主僧惟令其徒回向而已。因问曰："吾前施钱二文，师亲为忏悔，今施数千金，而师不回向，何也？"曰："前者物虽薄，而施心甚真，

非老僧亲忏，不足报德。今物虽厚，而施心不若前日之切，令人代忏足矣。"此千金为半，而二文为满也。

钟离^{汉钟离。民间传说中的八仙之一}授丹于吕祖^{俗名吕岩。字洞宾，道号纯阳。民间传说中的八仙之一}，点铁为金，可以济世。吕问曰："终变否？"曰："五百年后，当复本质。"吕曰："如此则害五百年后人矣，吾不愿为也。"曰："修仙要积三千功行，汝此一言，三千功行_{僧道等修行的功夫}已满矣。"此又一说也。

又为善而心不着_{着意}善，则

子虽然少，但是你布施的心很真诚，所以非我亲自替你忏悔，不足以报答你布施的功德。现在布施的钱虽然多，但是你布施的心不像从前恳切，所以叫人代我替你忏悔就够了。"这就是千两银子的布施只算是半善，而两文钱的布施却算是满善。

钟离把他炼丹的方法传给吕洞宾，能点铁成金，可用来救济世上的穷人。吕洞宾问钟离说：点铁变了金，最终会不会再变回铁呢？"钟离回答说："五百年以后，就要变回原样。"吕洞宾又说："像这样就会害了五百年以后的人，我不愿意做这样的事情。"钟离对他说："修仙要积满三千件功德，听你这句话，你的三千件功德，已经做圆满了。"这是又一种说法。

一个人行善而心中不着意于

所做善事，则随便做任何善事，都能够成功且圆满。心里记挂着做了善事，虽然一生都很勤勉地做善事，也只不过是半善而已。譬如拿钱去救济人，要内不见布施的自己，外不见受布施的人，中不见布施的钱，这才叫作三轮体空，也叫作一心清净。这样的布施，纵使布施不过一斗粟，也可以种得无尽福报，即使布施一文钱，也可以消除千劫的罪。如果心里不能够忘掉所做的善事，那么即便施舍万两黄金，还是不能够得到圆满的福报。这又是一种说法。

随所成就，皆得圆满。心着于善，虽终身勤励（勤劳奋勉），止于半善而已。譬如以财济人，内不见己，外不见人，中不见所施之物，是谓三轮体空（亦称三轮清净、三事皆空。佛教用语。是指布施时应有的态度。即布施时不执着于施者、受施者和所施之物。其真正意义是让人们戒除贪欲，了达事物本性为空的真理），是谓一心清净（佛教用语。佛教主张离恶行过失、离烦恼垢染）。则斗粟可以种无涯之福，一文可以消千劫（佛教用语。指旷远时间与无数的生灭成坏）之罪。倘此心未忘，虽黄金万镒（yì。古代重量单位。一镒合二十两，一说二十四两），福不满也。此又一说也。

评析

勤加积累为满，懈怠无为为不满；做善事不能以金钱衡量，而以心意的虔诚与否为衡量标准；不贪图一时功利，而考虑长久效应；行善但不放在心上为满，行了善事去把事情常记于心为半满。从这几种说法可明白满和半满的区别。

何谓大、小？昔卫仲达字达可。宋朝大臣。官至吏部尚书为馆职在馆阁任修撰等工作的官员，被摄捕捉至冥司阴间，主者命吏呈善恶二录。比至，则恶录盈庭，其善录一轴，仅如箸而已。索秤称之，则盈庭者反轻，而如箸者反重。仲达曰："某年未四十，安得过恶如是多乎？"曰："一念不正即是，不待犯也。"因问："轴中所书何事？"曰："朝廷尝兴大工，修三山石桥，君上疏谏之，此疏稿也。"仲达曰："某

怎么叫作大、小呢？从前卫仲达在馆阁做官，他的魂魄被摄到了阴间，阴间的主审判官吩咐手下把他在阳间所做的善事、恶事两种册子送上来。等册子送到一看，发现他的恶事册子堆满院子，而善事的册子，只不过像筷子般粗细的一卷。拿秤来一称，那摊满院子的恶册子反而比较轻，而筷子般粗细的小卷反而比较重。卫仲达就问说："我年纪还不到四十岁，怎会犯了这么多的过失罪恶呢？"主审官说："只要一个念头不正就是罪恶，不必等到你犯了才算。"因此，卫仲达又问："这善册子里记的是什么。"主审官说："朝廷有一次曾想要兴建大工程，修三山地方的石桥。你上奏劝皇帝不要修，免得劳民伤财，这就是你的奏章底稿。"卫仲达说："我虽然讲过，但是

朝廷没有采纳，奏章并没有起到作用，怎么还能有这样大的功德呢？"主审官说："朝廷虽然没有采纳建议，但是你这个念头是要使千万百姓免去劳役。倘使皇帝听你的，那善的力量就更大了。"所以立志为天下百姓，那么善事虽小而功德大；如果只为了利于自己一个人，那么善事虽然多，功德却很小。

虽言，朝廷不从，于事无补，而能有如是之力？"曰："朝廷虽不从，君之一念，已在万民。向使听从，善力更大矣。"故志在天下国家，则善虽少而大；苟在一身，虽多亦小。

评析　　为国家着想，为人民着想，虽然做的善少，这个善却很大；如果只顾自己或家庭的利益，做再多、再大的善，也是小善。因此踏踏实实做事的同时我们还要胸怀大志。

何谓难、易？先儒谓克己^{约束、克制自己}须从难克处克将去。夫子论为仁，亦曰先难。必如江西舒翁，舍二年仅得之束脩^{古代学生}

<small>与教师初见面时，必先奉赠礼物，表示敬意，称为束脩。后泛指老师的酬金。脩 xiū，古代指干肉</small>，代偿官银，而全人夫妇；与邯郸张翁，舍十年所积之钱，代完赎银，而活人妻子。皆所谓难舍处能舍也。如镇江靳翁，虽年老无子，不忍以幼女为妾，而还之邻。此难忍处能忍也。故天降之福亦厚。凡有财有势者，其立德皆易，易而不为，是为自暴；贫贱作福皆难，难而能为，斯可贵耳。

什么叫作难、易呢？从前有学问的读书人说过，克制自己的私欲，要从难克服的地方开始。孔子论为仁，也说先要从难的地方下功夫。一定要像江西的舒老先生，把两年所得的薪水帮别人偿还官银，使他们夫妇不致被拆散；又像河北邯郸县的张老先生，拿出他十年的积蓄，替别人还了赎银，救了这人妻儿的命。这都是所谓难舍弃的地方能舍去。又像江苏镇江的靳老先生，虽然年老没有儿子，却不忍心娶邻家幼女为妾，而将其送还。这就是难忍处能忍。所以上天赐给他们这几位老先生的福报也特别的丰厚。凡是有财有势的人，要立些功德比平常人来得容易，容易做却不肯做，那就叫作自暴自弃了；没钱没势的穷人，要作福行善有很大的困难，难做到而能去做，这就可贵了！

评
析

贫穷没有财富、没有地位的人，却能不顾一切，救急救难，解决别人的疾苦，非常可贵，所以他们的福报也厚。有钱有势者助人立德容易却不为，就是自暴自弃了。

随缘 ^{佛教用语。顺应机缘，不加勉强} 济众，其类至繁，约言其纲，大约有十：第一，与人为善；第二，爱敬存心；第三，成人之美；第四，劝人为善；第五，救人危急；第六，兴建大利；第七，舍财作福；第八，护持正法 ^{佛教用语。指释迦牟尼所说的教法。别于外道而言}；第九，敬重尊长；第十，爱惜物命。

遂顺其机缘去帮助众人的事，种类很多，大体概括一下纲目，约有十种：第一，与人为善；第二，爱敬存心；第三，成人之美；第四，劝人为善；第五，救人危急；第六，兴建大利；第七，舍财作福；第八，护持正法；第九，敬重尊长；第十，爱惜物命。

评析

这十大善事美德，对于改变当前社会中不良习气会有很大帮助，我们应该加以借鉴学习使其继续发扬光大。

什么叫作与人为善呢？从前舜在雷泽湖边，看见渔夫都选湖水深处去抓鱼，而那些年老体弱的渔夫，都在水流得急而且水较浅的地方抓。舜看见这种情形，心里难过哀怜他们。他就亲自去捉鱼。看见那些喜欢抢夺好位置的人，就故意避而不谈他们的过错；看见那些谦让的渔夫，便到处称赞他们并让人们去学习他们。过了一年，大家都谦让水深鱼多的地方。像舜那样明白聪明的圣人，难道不能说一句话来教化众人吗？舜不用言语来教化众人，而以身作则来转变众人的思想行为，这是舜用心良苦。

我们生在后世，不要用自己的长处去压制别人，不要用自己的优点和别人比较，不要用自己的能力去为难别人。收敛自己的才智，虚怀若谷。看到别人有

何谓与人为善？昔舜在雷泽 _{古大泽名。又名雷夏泽。在今山东菏泽东北。传说舜曾在此捕鱼}，见渔者皆取深潭厚泽，而老弱则渔于急流浅滩之中，恻然 _{悲伤的样子} 哀之。往而渔焉。见争者皆匿其过而不谈；见有让者，则揄扬 _{赞扬。揄 yú，挥动} 而取法之。期年，皆以深潭厚泽相让矣。夫以舜之明哲 _{明智，洞察事理。也指聪明智慧的人}，岂不能出一言教众人哉？乃不以言教而以身转之，此良工苦心 _{指经营某事的用心之深} 也。

吾辈处末世 _{指佛法里讲的"末法时期"。佛教认为释迦入灭后五百年为正法时，次一千年为像法时，后一万年为末法时}，勿以己之长而盖人，勿以己之善而形人，勿以己之多能而困人。收敛才智，若无若虚。见人过失，且涵容

而掩覆之，一则令其可改，一则令其有所顾忌而不敢纵；见人有微长可取，小善可录，翻然舍己而从之，且为艳称_{赞美}而广述之。凡日用间，发一言，行一事，全不为自己起念，全是为物立则，此大人_{德行高尚的人}天下为公之度也。

过失，要宽容而为他掩饰，这样一方面可以使他有改过自新的机会，另一方面可以使他有所顾忌而不敢放肆；看到别人有一点点长处可以学，或有小的善心善事可借鉴的，都应该立刻翻转放弃自我，学他的长处，并且要称赞他，替他广为传扬。在平常生活中，不论讲句话或是做件事，都不可为自己着想，全为了万物树立榜样，这是圣人以天下为公的气度。

要别人遵守的，自己首先遵守；要求别人不做的，自己首先不做。处处起模范作用，是有修养的体现。我们要效法大舜的精神，采取"以身作则"的方法去改变这个社会贪、嗔、痴、慢的不良习气。

什么叫作爱敬存心呢？君子与小人，从行为举止和神色上看，常常容易混淆，很难分辨。只有这一点存心处，善恶相差悬殊，就像黑白两种颜色截然不同。所以孟子说："君子所以与常人不同的地方，就是他们的存心啊！"君子所存的心，只有爱人敬人之心。人虽然有亲近和疏远，有高贵和低微，有聪明和愚笨，有贤和不贤的不同，千差万别，但都是我们的同胞，都是与我有关系的有机整体，有谁不该被敬爱呢？爱敬众人，就是爱敬圣贤。能够明白众人的意思，就是明白圣贤的意思。这是为什么呢？因为圣贤人的愿望，本就是希望这世上的人都能各得其所。我们应当爱敬众人，使世上的人个个安定、幸福，这就是代圣贤使他们安泰。

何谓爱敬存心^{怀着某种念头、打算，居心}？君子与小人，就形迹观，常易相混，惟一点存心处，则善恶悬绝^{相差很大}，判然如黑白之相反。故曰："君子所以异于人者，以其存心也^{语出《孟子·离娄下》}。"君子所存之心，只是爱人敬人之心。盖人有亲疏贵贱，有智愚贤不肖^{不才，不贤，不孝}，万品不齐，皆吾同胞，皆吾一体，孰非当敬爱者？爱敬众人，即是爱敬圣贤。能通众人之志，即是通圣贤之志。何者？圣贤之志，本欲斯世斯人各得其所。吾合^当爱合敬而安一世之人，即是为圣贤而安之也。

爱敬存心是根本。没有爱敬存心，其余九条都做不到，即使做了也是伪善，不是真善。爱敬存心的人一定是无私无我，真诚平等的敬爱一切众生。

毋貪口
腹而恣
殺生禽

毋貪口
腹而恣
杀生禽

何谓成人之美？玉之在石，抵掷_{弃掷。抵，扔}则瓦砾，追琢_{duī zhuó。雕琢，雕刻。追，雕刻}则圭璋_{guī zhāng。古代两种贵重的玉制礼器}。故凡见人行一善事，或其人志可取而资可进，皆须诱掖_{引导和扶持。掖 yè，扶持}而成就之。或为之奖借_{称赞，鼓励}，或为之维持，或为白其诬而分其谤，务使之成立而后已。

大抵人各恶其非类，乡人之善者少，不善者多。善人在俗，亦难自立。且豪杰铮铮_{金属撞击声。比喻刚正、坚贞}，不甚修形迹_{外表}，多易指摘。故善事常易败，而善人常得谤。惟仁人长者，匡直_{纠正}而辅翼_{辅佐，辅助}之，其功德最宏。

什么叫作成人之美呢？玉隐藏在石头中，被乱丢抛弃就和瓦砾没有什么区别；若是把它好好地加以雕刻琢磨，就成了非常贵重的圭璋了。所以，凡是看到别人做一件善事，或者是这个人立的志向有可取之处，其资质足以造就的话，就要引导和扶持他，使他成才。要么夸赞激励他，要么保护扶持他，要么为他辩解冤屈使他免受诽谤，务必要使他能够立身于社会才停止。

大概人们都讨厌异类，同一个乡里的人，善的少，不善的多。善人在俗世也很难立得住脚。况且豪杰的性情大多数是刚正不屈，不注意修饰外表，很容易招惹他人的非议，所以做善事也常常容易失败，善人也常常被人诽谤。只有依靠仁人长者的纠正和辅佐，这些豪杰的功德才能宏大。

评
析

　　成人之美就是识才、爱才、惜才、成就人才，这是善事中最大的善事，积功累德最大的功德。

何谓劝人为善？生为人类，孰无良心天生的善心？世路役役辛苦奔走，最易没溺沉没，沉迷。凡与人相处，当方便提撕提醒，使警惕，开其迷惑。譬犹长夜大梦，而令之一觉；譬犹久陷烦恼，而拔之清凉清静无烦扰。为惠最溥pǔ。普遍而广大。韩愈云："一时劝人以口，百世劝人以书。"较之与人为善，虽有形迹，然对症发药，时有奇效，不可废也。失言失人语出《论语·卫灵公》："可与言而不与言，失人；不可与言而与之言，失言。知者不失人，亦不失言。"大意是：可以与他讲而不同他讲，这是错过了人；不可以与他讲而与他讲了，这是说错了话。有智的人既不错过人，也不说错话。当反吾智。

什么叫作劝人为善呢？生而为人，哪一个没有良心呢？但是因为世间忙碌不堪，就最容易堕落了。所以与别人往来相处，就应该随时随地提醒他，使其解除迷惑。譬如看见他夜里长梦不醒，一定要使他赶快清醒；譬如看他久陷烦恼之中，一定要让他从中出来而清静无烦扰。这样做的功德是最广博的。韩愈曾说："以口来劝人，只在一时，以书来劝人，可以流传到百世。"与前面所讲的与人为善相比，虽然形迹外露，但是这对症下药，时常会有神奇的效果，这种方法不可以放弃。如果有失言失人的情况，就应该仔细反省自己的心智了。

人在尘世容易沉迷堕落，与人相处应当设法指点提醒对方，但要好好处理失言失人的问题。譬如一个人若太自以为是，不可以用话来劝。你若是劝了，不但是白劝，所劝的话，也成了废话，这叫作失言。如果这个人性情随和，可以用话来劝，你却不劝，错过了劝人为善的机会，这叫作失人。

何谓救人危急? 患难颠沛_{困苦, 生活艰难}, 人所时有。偶一遇之, 当如痌瘝^{tōng guān。哀痛, 病痛}之在身, 速为解救。或以一言伸其屈抑_{枉屈, 压抑}, 或以多方济其颠连_{困顿穷苦}。崔子_{名铣, 字子钟, 又字仲凫, 号后渠。明朝学者}曰: "惠不在大, 赴人之急可也。"盖仁人之言哉。

什么叫作救人危急呢? 忧患灾难、颠沛流离的事情, 人们时常会遇到。偶然碰到患难危急的人, 应该感同身受, 赶快设法解救。要么说句话为他申辩冤屈, 要么想方设法来救济他的困苦。

崔子曾经说: "恩惠不在乎大小, 能救人之急就行了。"这句话真正是仁者的话呀!

救人危急是指碰到患难危急的人, 应该感同身受, 赶快设法解救。

什么叫作兴建大利呢？小在一乡之内，大到一县之中，凡是有利于公众的事，最应该兴建。或是开辟水道来灌溉农田，或是建筑堤岸来预防水灾，或是修筑桥梁以方便通行，或是施送茶饭来救济饥饿口渴的人。有机会就要劝导大家，同心协力兴修公益事业，要不避嫌疑，也不要怕辛苦。

何谓兴建大利？小而一乡之内，大而一邑之中，凡有利益，最宜兴建。或开渠导水，或筑堤防患，或修桥梁以便行旅，或施茶饭以济饥渴。随缘劝导，协力兴修，勿避嫌疑，勿辞劳怨。

评
析

兴建水利，就像我们现在提倡的社会公益事业，根据社会需求，应当努力去做。

何谓舍财作福？释门即佛门万行佛教用语。指布施、持戒、忍辱等各种修行方式。万，极言多；行，修行，以布施为先。所谓布施者，只是舍之一字耳。达者内舍六根佛教用语。指眼、耳、鼻、舌、身、意。根为能生之意。有"六根"，则生"六识"，外舍六尘佛教用语。指色、声、香、味、触、法。"六尘"与"六根"相接，便会染污清净之心，一切所有无不舍者。苟非能然，先从财上布施。世人以衣食为命，故财为最重。吾从而舍之，内以破吾之悭qiān。吝啬，外以济人之急。始而勉强，终则泰然，最可以荡涤私情私心，祛除执吝。

什么叫作舍财作福呢？佛门里的万种修行，以布施为最重要。讲到布施，只不过是一个"舍"字。真正通达的人，内舍六根，外舍六尘，一切所有，没有不可舍弃的。若是不能做到这样，那就先从钱财上布施。世人都把穿衣吃饭当作自家性命，因此，把钱财看得最重。如果我们能够施舍钱财，对内而言，可以破除吝啬的毛病，对外而言则可救他人之急。起初做起来，难免会有一些勉强，后来自然会泰然处之，最后可以消除自己的贪念私心，除掉自己对钱财的执着与贪吝。

钱财不易看破，布施钱财起初做起来，难免会有一些勉强，只要舍惯了，心中自然安逸，也就没有什么舍不得了。这最容易消除自己的贪念私心，也可以除掉自己对钱财的执着与贪吝。

什么叫作护持正法呢？法是世间万物的眼睛。如果没有正法，如何能够参与天地造化？怎么化育万物？怎么摆脱迷惑与束缚？怎么处理世上之事以及脱离世间束缚？所以凡是看到庙宇神像、经典书籍，都要给予敬重并加以整修。至于弘扬正法，上报佛的恩德，这些都是更应该劝勉鼓励的。

何谓护持正法？法者，万世生灵之眼目也。不有正法，何以参赞_{参与并协助}天地？何以裁成_{裁制而成就之}万物？何以脱尘离缚？何以经世出世_{超脱人世，脱离世间束缚}？故凡见圣贤庙貌_{塑像，神像}，经书典籍，皆当敬重而修饬_{整治，整修。饬chì}之。至于举扬正法，上报佛恩，尤当勉励。

要想"参赞天地，裁成万物"，这需要我们尊重道德、秩序、法律，把人与人的关系处好，把人与天地鬼神的关系处好，把人与天地万物的关系处好。

何谓敬重尊长？家之父兄，国之君长，与凡年高、德高、位高、识高者，皆当加意_{特别留意，非常留心}奉事_{侍候，侍奉。}。在家而奉侍父母，使深爱婉容_{和顺的仪容}、柔声下气，习以成性_{养成习惯，成本性}，便是和气格天_{感通上天}之本。出而事君，行一事，毋谓君不知而自恣_{放纵自己，不受约束}也。刑一人，毋谓君不知而作威也。事君如天，古人格论_{精当的言论，至理名言}，此等处最关阴德。试看忠孝之家，子孙未有不绵远而昌盛者。切须慎之。

什么叫作敬重尊长呢？家里的父亲、兄长，国家的君王、大夫，以及凡是年长、德行高、职位高、见识广的人，都应该格外敬重。在家里侍奉父母，要有深爱父母的心，仪容和顺，柔声下气，养成习惯，成为本性，这就是和气可以感动上天的根本办法。在外奉行君令，不论什么事，都不要以为君王不知道就恣意妄为。处罚一个人，不要以为君王不知道就可以作威作福。尊奉君王，像面对上天一样地恭敬，这是古人的至理名言，这些地方和人的阴德关系最大。试看那些忠孝人家，他们的子孙没有不兴旺、不昌盛的。所以一定要小心谨慎地去做。

评析

中国人讲"忠孝传家"，其德行表现在敬重尊长。在家尊重父兄，在外尊重君王，年事高、德行高、职位高、见识高的人都应尊重。古代社会家国同构，家庭与国家、社会的结构相同。君、臣、民是古代传统的社会结构。古代中国深受"三纲五常"思想的影响，用以调整、规范君臣、父子、兄弟、夫妇、朋友等人伦关系的行为准则。虽然封建社会时用"三纲五常"维系专制统治，压抑、扼杀人们的自然欲求，产生了消极影响，但今天辩证地去看待三纲五常，它对塑造中华民族优良性格起到了积极作用，如重视主观意志力量，注重气节、品德，自我节制、发奋立志，强调人的社会责任和历史使命等。

何谓爱惜物命？凡人之所以为人者，惟此恻隐之心而已。求仁者求此，积德者积此。《周礼》^{《礼记·月令》}："孟春之月^{农历正月}，牺牲^{供祭祀用的纯色全体牲畜}毋用牝^{pìn。雌性的鸟或兽}。"孟子谓："君子远庖厨。"所以全吾恻隐之心也。故前辈有四不食之戒，谓闻杀不食，见杀不食，自养者不食，专为我杀者不食。学者未能断肉，且当从此戒之。

渐渐增进，慈心愈长。不特^{不仅，不但}杀生当戒，蠢动含灵^{指一切众生}，皆为物命。求丝煮茧，锄地杀虫。念衣食之由来，皆杀彼以

什么叫作爱惜物命呢？人之所以为人，就是有这恻隐的心罢了。求仁就是求这恻隐之心，积德也就是积这份恻隐之心。《周礼》上曾说："每年正月，祭品勿用母畜。"孟子说："君子远离厨房。"就是要保全自己的恻隐之心。所以，前辈有四种不吃的禁忌：听到动物被杀的声音，不吃；在它被杀的时候看见，不吃；自己养大的，不吃；专门为自己杀的，不吃。后学者一下子做不到断食荤腥，就应该从这几条禁戒做起。

循序渐进，慈悲心就会愈来愈增加。不但杀生应戒，一切生物都是有生命的。为了获得蚕丝来做衣服，就把蚕茧放在水里煮；锄地种田，要杀死地下多少虫的性命。想想我们穿的衣、吃的饭的由来，都是杀害别的生命来养

活我们自己。所以糟蹋粮食、浪费东西的罪孽，就如同杀生的罪孽一样。至于随手误伤的生命，脚下误踏而死的生命，还不晓得有多少，这都应该要小心周全防止。古诗说："爱鼠常留饭，怜蛾不点灯。"这是多么的仁厚慈悲呀！

善事无穷无尽，哪能说得完。只要把上边说的十件事，加以推广发扬，那么一切功德就都完备了。

自活。故暴殄（糟蹋毁坏。殄tiǎn，尽，绝）之孽，当于杀生等。至于手所误伤，足所误践者，不知其几，皆当委曲（小心将就）防之。古诗云："爱鼠常留饭，怜蛾不点灯。"何其仁也！

善行无穷，不能殚（dān。尽，悉数）述。由此十事而推广之，则万德可备矣。

评析

爱惜生命，讲求仁慈，是恻隐之心。儒家讲："闻其声，不忍食其肉。"这里虽然没有禁止肉食，但是佛劝人吃三净肉。何谓"三净肉"？不见杀，不闻杀，不为我杀，这都是保全恻隐之心。从营养健康的角度，素食的好处也是不言而喻的。

当前自然环境日益恶劣，我们也要以慈悲为怀，与地球上的生物和谐相处，不可以以自我为中心，肆意攫取自然资源。

第四篇
谦德之效

本篇专讲谦虚的好处，谦虚的效验，并举例加以论证。了凡先生告诫世人要谦虚谨慎，恭敬待人，得出了"举头三尺，决有神明。趋吉避凶，断然由我"的结论。

《易》^{《易经·谦卦》}曰："天道亏盈而益谦，地道变盈而流_{流布，充实}谦，鬼神害盈而福谦，人道恶盈而好谦。"是故"谦"_{谦卦为《易经》六十四卦之第十五卦，艮下坤上}之一卦_{《易经》中象征自然现象和人事变化的一套符号。古时用来占验吉凶，}六爻_{yáo。《周易》中组成卦的基本卦画。"—"为阳爻，"——"为阴爻}皆吉。《书》曰："满招损；谦受益。"予屡同诸公应试，每见寒士_{原指出自身寒微的读书人，其社会地位低下。后泛指贫苦的读书人}将达，必有一段谦光可掬_{jū。用两手捧。}

《易经·谦卦》上说："天之道是损有余以补不足；地之道是流散盈满以广布于空虚；鬼神之道是损害骄盈者，福佑谦恭者；人之道是受害于盈满，得益于谦虚。"所以"谦"卦六爻都是吉利。《尚书》中说："自满，就会遭到损害；自谦，就会受到益处。"我好几次和众学士参加考试，每次都看到贫寒的读书人快要发达考中的时候，脸上一定有一片谦和而且安详的光彩发出来，仿佛可以用手捧取。

处世待人接物，最重要的是谦虚，能够接纳别人，成就别人。

與肩挑
貿易毋
佔便宜

與肩挑
貿易毋
佔便宜

辛未计偕典出《史记·儒林列传序》：
"当与计偕，诣太常，得受业
如弟子。"计，计吏；偕，俱。谓与计
吏同往太常。后遂指举人赴京会试。，我嘉善
同袍同学凡十人，惟丁敬宇宾
名宾，字礼
原，号敬宇年最少，极其谦虚。予
告费锦坡曰："此兄今年必第。"
费曰："何以见之？"予曰："惟
谦受福。兄看十人中，有恂恂
温和恭顺
的样子款款，不敢先人，如敬宇
者乎？有恭敬顺承顺从承受，小心
谦畏，如敬宇者乎？有受侮不
答，闻谤不辩，如敬宇者乎？
人能如此，即天地鬼神，犹将
佑之，岂有不发者？"及开榜，
丁果中式科举考试
被录取。

丁丑在京，与冯开之冯梦祯。
字开之，
号具区，又号真实居士。明
神宗万历年间，会试中状元同处，见其虚己

辛未年（1571年）我到京城
去会试，我嘉善的朋友一起去参
加会试的大约有十个人，只有丁
敬宇最年轻，而且非常谦虚。我
告诉同去会试的费锦坡说："这
位老兄今年一定考中。"费锦坡
问我："怎样能看出来呢？"我
说："只有谦虚的人，可以承受
福报。你看我们十人当中，有谁
像敬宇温和恭顺、诚实厚道，不
敢抢在人前？有谁像敬宇恭敬温
顺，小心谦逊？有谁像敬宇受人
侮辱而不回答，听到人家诽谤他
而不去争辩？一个人能够做到这
样，就是天地鬼神也都要保佑他，
岂有不发达的道理？"等到放榜，
丁敬宇果然考中进士。

丁丑年（1577年）在京城里，
我和冯开之住在一起，看见他虚

心自谦，面容和顺，完全改变了他幼年的习气。他有一位正直又诚实的朋友季霁岩，时常当面指责他的错处，只见他平心静气地接受朋友的责备，从来不反驳一句话。我告诉他说："福一定有福的开端，祸也一定有祸的预兆。只要心能够谦虚，上天一定会帮助他。您今年必定能够考中了。"后来冯开之果然考中了。

赵裕峰，字光远，山东省冠县人。他未成年就中了举人，后来又参加会试却多次不中。他的父亲做嘉善县的主簿，裕峰随同他父亲上任。裕峰非常敬慕嘉善县钱明吾的学问，就拿自己的文章去见他。钱先生把他的文章都涂抹删改了。裕峰不但不发火，并且心服口服，赶紧修改文章。第二年，裕峰就考中了。

壬辰年（1592年）我入京城

敛容严肃的样子，大变其幼年之习。李霁岩直谅正直诚信益友，时面攻其非，但见其平怀顺受，未尝有一言相报。予告之曰："福有福始，祸有祸先，此心果谦，天必相之，兄今年决第矣。"已而果然。

赵裕峰光远，山东冠县人，童年举于乡，久不第。其父为嘉善三尹明朝官名。知县称大尹，县丞称二尹，主簿称三尹，随之任。慕钱明吾，而执文见之。明吾悉抹其文。赵不惟不怒，且心服而速改焉。明年，遂登第。

壬辰岁，予入觐jìn。朝见皇上，晤

夏建所，见其人气虚意下，谦光逼人。归而告友人曰："凡天将发斯人也，未发其福，先发其慧。此慧一发，则浮者自实，肆者自敛。建所温良_{温和善良}若此，天启之矣。"及开榜，果中式。

江阴张畏岩，积学_{博学}工_{善长，长于}文，有声艺林_{学界}。甲午，南京乡试，寓一寺中，揭晓无名，大骂试官，以为眯_{mí。同"眯"}目。时有一道者，在傍微笑，张遽_{jù。立刻，马上}移怒道者。道者曰："相公_{旧时称读书人为相公。明朝科举考试进学成秀才的人也被称为相公}文必不佳。"张益怒曰："汝不见我文，乌_{同"何"。疑问代词}知不佳？"道者曰："闻

去觐见皇帝，见到夏建所，看到他神情意态谦下，谦虚的光彩，就像会逼近人的样子。我回来告诉朋友说："凡是上天要使这个人发达，一定先启发他的智慧。智慧一经启发，那么轻浮的人自然会变沉稳，放肆的人也就自然会收敛。夏建所如此温和善良，上天一定启发他了。"等到放榜的时候，建所果然考中了。

江阴张畏岩，他学识渊博，文章也写得很好，在学界颇有名声。甲午年（1594年）南京乡试，他借住在一处寺院里。等到放榜，榜上没有他的名字，他不服气，大骂考官，说他们"瞎了眼"。当时有个道士在旁边微笑，张畏岩马上就把怒火发在道士的身上。道士说："你的文章一定不好。"张畏岩更加生气地说："你没有看到我的文章，怎么知道我写得不好呢？"道士说："我常听人

说，做文章贵在心平气和。现在听到你大骂考官，表示你的心非常不平，你的文章怎么会好呢？"张畏岩听了道士的话，不觉折服，于是就向道士请教。

道士说："要考中功名，全要靠命数。命里不该中，文章再好也没用。一定要你自己改变。"张畏岩问道："既然是命，怎样去改变呢？"道士说："造命数虽然在天，立命数在自己。只要你肯尽力去做善事，多积阴德，什么福不可求得呢？"张畏岩说："我是一个穷读书人，能做什么善事呢？"道士说："行善事，积阴德，都是从心出发的。只要常存行善之心，功德就无量无边了。就像谦虚这件事，又不要花钱，你为什么不自我反省，反而骂考官呢？"

张畏岩从此自我克制，一改

作文，贵心气和平，今听公骂詈，不平甚矣，文安得工？"张不觉屈服，因就而请教焉。

道者曰："中全要命。命不该中，文虽工无益也。须自己做个转变。"张曰："既是命，如何转变？"道者曰："造命者天，立命修身养性以奉天命者我。力行善事，广积阴德，何福不可求哉？"张曰："我贫士，何能为？"道者曰："善事阴功，皆由心造佛教用语。唯心所生，常存此心，功德无量。且如谦虚一节，并不费钱，你如何不自反而骂试官乎？"

张由此折节改变从前的志向或行为自持，

善日加修，德日加厚。丁酉，梦至一高房，得试录一册，中多缺行。问旁人，曰："此今科试录。"问："何多缺名？"曰："科第阴间三年一考较，须积德无咎者，方有名。如前所缺，皆系旧该中式，因新有薄行[品行轻薄]而去之者也。"后指一行云："汝三年来，持身颇慎，或当补此，幸自爱。"是科果中一百五名。

往日志向和行为，每天例行善事，功德日渐增加。到了丁酉年（1597年），他梦见到了一座高大的房屋，得到一本考试录取的名册，中间有许多的缺行。问旁边的人，那个人说："这是今年考试录取的名册。"张畏岩问："为什么名册内有这么多的缺行？"那个人又回答说："阴间对那些考试的人，每三年考查一次，一定要积德而且没有过失的人，其名字才会出现在这个试录册上。像名册前面的缺额，都是从前本该考中，但是因为他们最近品行轻薄而被除名的。"接着又指了一行说："你三年来，谨慎小心地修持自己，或者应该补上这个空缺了，希望你珍重自爱。"果然，张畏岩就在这次的会考考中了第一百〇五名。

评析

　　了凡先生举了五个人的例子，他们所表现出的谦让不争、谦逊待人、虚心听取别人意见、谦虚沉稳、知错就改等修善积德的品德，值得我们学习。

从上面所讲的看来,抬头三尺高处,一定有神明在监察着人的行为。好的事情赶快去做,坏的事不要去做,这是可以由我自己决定的。必须使自己存善心,克制行为,丝毫不得罪天地鬼神,而且还要虚心、严于要求自己,使得天地鬼神时时怜爱我,才是得福报的根基。那些自满气盛的人,一定不是能担当大事的人,就算能发达也不会长久地享受福报。稍有见识的人,一定不会使自己气量狭小,从而拒绝福报。况且只有谦虚的人内心才会有空间接受教导,从而受益无穷,尤其对于进德修业的人来说更是必不可少的。

由此观之,举头三尺,决有神明。趋吉避凶,断然由我。须使我存心制行,毫不得罪于天地鬼神,而虚心屈己,使天地鬼神时时怜我,方有受福之基。彼气盈者,必非远器{谓有才能、能担当大事的人},纵发亦无受用{得益、享受}。稍有识见之士,必不忍自狭其量,而自拒其福也。况谦则受教有地,而取善无穷,尤修业者所必不可少者也。

评析

举头三尺有神明。古代中国民众的信仰是多神崇拜，神灵众多，体系庞杂，其中有自然崇拜、图腾崇拜、鬼魂崇拜、祖先崇拜以及对历史上圣贤的崇拜。如何趋吉避凶？一定要靠自己，要存善心，制止自己不正当的行为。我们修善积德，就与天地鬼神同心同好。我们委曲求全，这样天地鬼神自然就加以眷顾。无论在什么处所，无论对什么人，自己能够迁就一点，委曲一点，才是"受福之基"。

古语说："有志于求取功名的，一定可以得到功名；有志于求取富贵的，一定可以得到富贵。"一个人有了远大的志向，就像树有了根基。人要立定了志向，必须念念不忘谦虚，处处给别人方便，自然会感动天地，而造福全在我自己。

像现在那些求取功名的人，当初未必真有志向，不过是一时的兴致罢了。兴致来了，就去求；兴致退了，就停止。孟子说："大王这么喜欢音乐，那齐国被你治理得也差不多了？"我看求科名，也是这样。

古语云："有志于功名者，必得功名；有志于富贵者，必得富贵。"人之有志，如树之有根。立定此志，须念念谦虚，尘尘（佛教用语。犹言世世，指无量数）方便，自然感动天地，而造福由我。

今之求登科第者，初未尝有真志，不过一时意兴耳。兴到则求，兴阑（lán。退，尽）则止。孟子曰："王之好乐甚，齐其庶几乎？"予于科名亦然。

评析

了凡先生认为人应立定志向，还需念念不忘谦虚，处处与人方便。了凡先生对于求取科名的态度，也像孟子所说的，一定要落实、推广。得到这个功名、地位，要存善念，有为民众服务的心，尽心尽力去做。只要存这种心，行这样的事，命运与福报就由自己做主了。

历代名家点评

袁公之令吾邑也，以清俭律身，以慈仁抚众，以恭逊事上，以正大睦僚，以礼法训士，以严明驭胥，以至诚格鬼神，吾邑二百年来所未有之良牧也。

——〔明〕邳赞《宝坻政书·序》

"袁了凡先生《功过格》，为长吏模范，垂六十余年矣。旧日刊行海内者甚夥，而卫带黄、朱昆海两先生嗣于云中授剞劂。……只此'功过'二字，诸吏莫不受而循之"，"欲以了凡先生之书告诸海内之既入官者"。

——〔清〕魏象枢《功过格序》

涤者，去涤者旧染之污也；生者，取明袁了凡之言："从前种种，譬如昨日死；从后种种，譬如今日生"也。(曾国藩谈之所以改号"涤生"原因)

——〔清〕曾国藩《曾国藩全集·日记一》

此文如精金美玉，为明代钜文，非仅泛常劝世可比。

——尤惜阴居士

明代袁了凡所著的《了凡四训》，是在社会上广泛流行的一本劝善书。该书一经问世，便受到人们的喜爱，成为人们修身立命的理论指导。

——尚荣，徐敏评注《了凡四训》

而讀之其事近其意簡其言亦平平無甚謬巧藥之云乎
是不然洞光員龍無抹于癰痏而馬渤牛溲倉公襲而藏
之立方者不必岐黃期于駿擇藥者不必金石期干切故
曰有奇證無奇藥也又曰方欲奇藥也言而藥又烏其
用彼俶詭不情驚世也駁俗之虛論哉然則姚氏之言而
參苓也苦其苓也苦其苓也猛力滌盪其黃硫烏附也俗固病而
藥之病者不病不病者又笑病病乎子謂此言心言也此
藥心藥也天下用之而猶病心者寡矣姚氏者其書其
國手治世之大醫王也哉是編也輯之于李仲善出之于
金德徵曰施藥不若施方蓋梓之子曰善固善書于秣陵平
時萬歷庚申仲春大理寺病夫太臣王三德書于秣陵平
反堂之小軒

藥言　歸安姚氏采

孝弟忠信禮義廉恥此八字是入聖階梯有八柱始能成
宇有八字始克成人
聖賢開口便說孝弟孝弟是人之本不孝不弟便不成人
了孩提知愛稍長知敬奈何自失其初不齒於人類也
戴記載小孝中孝大孝孝經載孝之始孝之中孝之終統
是教人倣人無忝爾所生一孝立萬善從是爲肖子是
爲完人
賢不肖皆吾子爲父母者切不可毫髮偏愛偏愛日久兄
弟間不覺怨憤之積往往一待親歿而爭訟因之創業
思垂永久全要此處見得明不眙後日之悔可也今人
但爲子孫作牛馬計後人竟不念父母天高地厚之恩

〔明〕——

姚舜牧

姚舜牧（一五四三—一六二二），字虞佐，自号承菴。明朝归安（今属浙江湖州）人。明万历举人。历任广东新兴县、江西广昌县知县，代全州知州等职。为官清正。著有《四书五经疑问》《史纲要领》《乐陶吟草》等。

《药言》是姚舜牧在广昌任知县时所著，原名《家训》，始刻于万历丙午（1606年）。后人取药石之意，改为《药言》。《药言》多次刊行，流传甚广，虽然并非如当时人所誉"字字药石"，但却是一本极有价值的封建家庭治家教子教科书。它开宗明义地教诫子弟"孝悌忠信，礼义廉耻"，但却不泛泛于封建道德说教，而是结合自己的亲身体会，具体地阐述了父子、兄弟、夫妻、妯娌、邻里、朋友等各方面的伦理关系、道德准则，以及治家、择偶、立身、处世方面的见解。抛弃其明哲保身、男尊女卑之类的封建糟粕，其中仍有不少很有价值的思想观点，对于我们今天的家政管理和家风建设有着积极的意义。比如，在婚姻问题上，作者认为"一夫一妇是正理"，"结发糟糠万万不宜乖弃"，婚姻应重人品，而不是富贵，"嫁女不论聘礼，娶妇不论奁赀"，这在封建社会确实难能可贵。再如，在道德修养问题上，作者认为"不做不好人，便是好人"，应该努力做到淡泊励志、勤劳节俭、勿贪勿嗔、和睦乡里、毋作非为。他特别强调实践在修身中的作用，认为"言贵行，行方是道，不行，虽讲无益"。

　　《药言》篇幅虽不短，但由于语言质朴明快，杂以格言警句，道理是非分明，故不给人冗长拖沓之感。

見貧苦
親鄰須
多溫恤

見贫苦
亲邻须
多温恤

自序

吾上世未有知学者，及所见所闻及所传闻，浑浑_{浑厚，质朴}焉，蠢蠢_{拙朴}焉，不离耕作，不识官府，为无怀_{姓风，名苍芒，号无怀氏。传说中的上古帝王、}葛天氏_{中国神话传说中上古时代的"圣皇"之一}之民。自吾父淳庵赠君，始教牧读书，训以"清高"二字，而实皆浑蠢之遗也。故凡平日所训语，及所闻于故老，所得于会晤者，窃_{私下。谦辞}识_{zhì，记}之不忘，而未敢书于册也。前年游粤西，辱_{表示承蒙。谦辞}抚台杨霁翁出族谱家训示_{给我看}，且使牧续貂_{谦称续写别人的著作}焉。因以向所承之训及所闻所悟者，书有数条。至平西，公余_{公务之余}复续有数条，似较多口语一番矣，

我祖上没有懂得学问的人，他们的所见所闻及流传下来的逸闻趣事，都浑厚蒙昧，笨拙古朴。祖上以种田耕地为业，与官府素不往来，是传说中无怀氏、葛天氏时代的百姓。从父亲辈开始，便教我读书，以"清高"二字来训导，而这些实质上和祖先那种浑厚古朴的遗风没有什么两样。因此，凡是平日受训的话，以及我以前听到的东西，自己领会获得的内容，私下都将其记了下来，不至于遗忘，却未敢书写成书册。前年游历粤西，承蒙抚台杨霁翁拿出族谱家训让我过目，且让我做"狗尾续貂"的工作。因此在以往所承父训及听到、悟到的基础上添写了几条。到平西以后，公务之余，又续写了数条，其中多口语化的表述，但总体上看来

也是本于"清高"的训诫，希望也有所谓浑厚古朴的遗风罢了。我将这些家训存放于书箱之中，等待教导子孙。宁愿浑厚也不要精巧，宁愿笨拙也不要奸猾，这就是所谓的"清高"吧。如果不这样就不像祖上田农的样子了。

万历丙午之年秋天作于平西衙门清白堂

然总之则本清高之训，而欲所谓浑蠢之遗也云尔_{语气助词。相当于"如此而已"。}因存笥_{sì。盛物的方形竹器}中，期示孙子，宁浑毋察_{精明}，宁蠢毋乖_{奸猾}，是为"清高"。不则不若族人之为田农也。

万历丙午秋日书于平西公署之清白堂

评析

作者祖辈以耕读为生，从父辈开始注重教育子孙后代读书，常以"清高"之训教育后人。这段序言作者交代了将自己父辈的家训，以及从朋友那里学到的和自己领悟到的东西，在友人劝说下编集成册，从而形成了这本《药言》家训，以教子孙。

"孝悌忠信，礼义廉耻"，此八字是八个柱子，有八柱始能成宇，有八字始克 ^{方能，才能够。克，能。} 成人。

圣贤开口便说孝弟 ^{亦作"孝悌"。孝敬父母，敬爱兄长。}，孝弟是人之本，不孝不弟，便不成人了。孩提知爱，稍长知敬，奈何自失其初，不齿于人类也。

《戴记》 ^{为《大戴记》和《小戴记》的简称。相传分别是西汉戴德和戴圣编撰。此指《大戴记》，也称《大戴礼记》} 载小孝、中孝、大孝，《孝经》 ^{阐述儒家"孝"的伦理思想的著作。作者不详，一说为孔子作，一说为孔子弟子曾参作。儒家经典著作} 载孝之始、孝之中、孝之终。统是教人做人，无忝 ^{tiǎn 辱，有愧于。常用作谦辞} 尔所生。一孝立，万善从，是为肖子 ^{在志趣等方面与其父一样的儿子}，是为完人。

"孝、悌、忠、信、礼、义、廉、耻"这八个字是八根柱子，有了它们才能构建起人生的天地，具备了这八个字才能成为一个真正意义上的人。

圣哲贤人开口便提倡孝敬父母、友爱兄弟，因为孝敬父母、友爱兄弟乃是做人的根本，不孝敬父母、不友爱兄弟便不能称其为人了。孩提时就懂得友爱，稍长些就懂得敬重，为什么成年后会抛弃原有的美德，为世人所不齿呢。

《大戴礼记》记载了小孝、中孝、大孝，《孝经》记载了孝的开始、孝的延续、孝的归宿。这些都是教导人怎样做人，不辜负自己的父母。一旦孝道得以确立，其他方面的品行也会随之完善，这样的人才是孝顺的人，才是真正完美的人。

不管孩子是贤良，还是不肖，都是自己的孩子，做父母的实不能有丝毫偏心，否则时间一久，兄弟之间会不自觉积累怨恨，往往到父母离世之后，争斗和诉讼也会随之而来。创立的家业想要永久传留，就必须在这方面有清醒的认识，不要给以后留下祸根。现在的人们都愿意为子孙辛苦操劳，当牛做马也在所不惜，可子孙们根本不会感激父母的大恩大德。如果通过穿衣吃饭等日常细节与点滴小事，经常提及诉说父母的艰辛，儿孙们听得多了，就一定能够发奋自立自强，守持家业。保持家业长久不衰的关键其实就在于此。

《诗经·小雅·斯干》中说到宫殿檐角造型像飞鸟展翅，又像锦鸡飞腾，若生个男孩就给他玩璋玉，生个女孩就让她玩纺锤。多么兴盛啊！但是在诗的开篇却

贤不肖（不贤）皆吾子，为父母者切不可毫发偏爱。偏爱日久，兄弟间不觉怨愤之积，往往一待亲殁（mò，去世）而争讼（sòng，打官司）因之。创业思垂（传下去，传留后世）永久，全要此处见得明，不贻（yí，留下）后日之祸可也。今人但为子孙作牛马计，后人竟不念父母天高地厚之恩。诚（如果）一衣一食，无不念及言及，儿曹（儿辈）数数闻之，必能自立自守。久长之计，不过如是矣。

《斯干》（《诗经·小雅·斯干》）之诗，说到鸟革翚飞（形容宫室的高峻壮丽。翚huī，古书中指有五彩羽毛的野鸡）、弄璋弄瓦（中国古代汉族对生男生女的称呼。璋，玉器，男孩玩具；瓦，纺锤，女孩玩具。后把生男孩子称为"弄璋之喜"；生女孩子称为"弄瓦之喜"）。盛矣！然开首却云："兄

及弟矣,式_{尊敬,恭敬}相好_{友好,和睦}矣,无相犹_{欺诈,欺骗}矣。"未有不相好而相犹,能守其基业、克_{能够}开其子孙者。

兄弟间偶有不相惬_{qiè。满足,畅快}处,即宜明白说破,随时消释,无伤亲爱。看大舜_{对舜的尊称}待傲象_{舜的同父异母弟弟},未尝无怨无怒也,只是个不藏不宿_{不把怨怒藏留在心里},所以为圣人。今人外假怡怡_{和睦的样子}之名而中怀仇隙,至有阴妒仇结而不可解,吾不知其何心也。

兄弟虽当亲殁时,宜常若亲在时,凡一切交接礼仪,门户差役,及他有急难,皆当出身力为之,不可彼此推诿_{推卸责任,推辞。诿wěi}。

讲:"兄弟之间要和睦,不要互相欺骗。"所以,从来没有不友爱而互相欺诈,却能保守祖宗基业、开启其子孙的人。

兄弟之间有时候发生了不愉快的事情,就该及时把话说明白,随时把矛盾化解掉,不要伤了感情。看那大舜对待傲慢的兄长象,并不是没有怨恨愤怒,但他能做到不私藏仇恨,所以成了圣人。现在的人们表面上兄弟和睦却心藏怨恨,甚至成了妒忌结仇的死对头,我不知道他们心里是怎么想的。

兄弟之间即使在父母去世后,也应该像父母在世时一样相亲相爱,一切待人接物、来往礼仪,各家的差役,以及其他兄弟遇到急难,都应当挺身而出,全力去做,不可以相互推诿。

孝敬父母，友爱兄弟是做人的根本，在孩提时代就应该教育子孙明白这个道理。姚舜牧认为，孝顺的人才是一个品德高尚的人。而作为父母，对子女关爱不能偏心，否则会造成兄弟不和，甚至败掉家业。兄弟间要相亲相爱，即使在父母去世后也该如此。如果发生矛盾，要及时把问题说清楚，避免更大冲突。这些说法，对于今天的家庭建设来说，仍然具有重要的价值。

妯娌_{兄、弟妻室的合称}间易生嫌隙，乃嫌隙之生，尝起于舅姑_{公婆}之偏私，成于女奴之谗构_{谗言离间。构，离间}。家人之暌_{kuí。通"睽"，不合，分离}多坐_{因为，由于}此，是不可不深虑者。然大要_{关键}在为丈夫者，见得财帛轻、恩义重，时以此开晓妇人，使不惑于私构而成隙，则家可常合而不暌矣。"夫妻纲"一语极吃紧_{重要}。

妯娌之间容易产生矛盾，她们之间矛盾的产生，常常是由公婆对一方偏爱引起，由女仆谗言离间促成。家人之间的不和睦，都是由于这些原因，这是不得不认真反思的。但最关键的还在于做丈夫的，要明白财物锦帛轻、恩情仁义重，要不时以此开导自己的妻子，使她们不受私利图谋的诱惑而产生矛盾与隔阂，这样整个家庭就会长久和睦而不会产生分离。可见"夫为妻纲"一语是多么重要啊。

评析

姚舜牧认为兄弟妻室之间矛盾的产生，多因为公婆不能平等对待；而化解矛盾的关键，在于丈夫对妻子的开导。做丈夫的一定要明白事理，及时地疏导化解此类矛盾，才能保证家庭的和睦。

一夫一妻是正理，如果人到四十而膝下无子，不得不再娶一妾，但在妻妾之间要有协调处理的方法。不善于从中调停，就会使妻子心生妒忌而不接纳，会使小妾变得凶暴而难以管束，哪还能再指望她们生儿育女？调停说的是什么呢？自己做到不偏不倚就行了。

一夫一妇是正理，若年四十而无子，不可不娶一妾，然中间却有个处法。不善调停，使妻妒而不容，妾悍凶暴而难驭yù。控制，安望其生且育？调停谓何？自处于正不偏不倚而已。

在允许一夫多妻的封建社会，能提出"一夫一妻"的想法实属可贵。对于一夫多妻的家庭，妻妾矛盾时有发生，姚舜牧认为做到不刻意偏袒就可以调停化解。在封建社会的家庭生活中，这也是一种恰当的方法。

人人生子不以为异，若论人生一个人出来，耳目口鼻四体百骸悉具，岂非天地间至祥至瑞耶？和气致祥，一毛乖戾生不来，即生得来，决非是个善物。

guāi lì。抵触，背离

人们都觉得生养一个孩子显得不足为奇，但凡生一个孩子出来，耳目口鼻、四体百骨俱全，这难道不是天地间最祥瑞的事情吗？和气才能带来祥瑞，哪怕有一点不合情理就生不出来，即使能生出来，也绝非是个善类。

在传统社会，人们普遍有着"多子多福"的意识，而姚舜牧认为即使生一个孩子，只要健康平安，那就是福气，这种观点值得肯定。但他认为秉性不好的夫妇生出的孩子肯定不是"善类"，难免过于武断和绝对，因为孩子的后天成长受到多种环境的影响，性格乖戾的父母，其孩子也有可能会形成友善的品行。值得注意的是，姚舜牧之所以这样告诫大家，是出于劝人为善的初衷。

我曾经说过，结发患难的妻子是万不能离弃的。有的人不幸死了前妻，娶了后妻，尤其要想到亡妻过去吃过的苦，无法享受到当下的一切，所以要好好抚养她遗下的子女，这才是正理。现在有的人偏爱后妻后妾，连同抛弃前妻的子女不加关爱，难道这些子女都是别人的骨肉吗？说来真是好笑。

尝谓结发糟糠_{指原配妻子或曾共过患难的夫妻}，万万不宜乖弃。或不幸先亡后娶，尤宜思渠_{代词。此指亡妻}苦于昔，不得享于今，厚加照抚其所生，是为正理。今或有偏爱后娶后妾，并弃前子不爱者，岂前所生者出于人所构哉？可发一笑。

对于娶了后妻而虐待与结发妻子所生的子女，姚舜牧对此行为非常鄙视和不认可。这种行为显然违背了基本的家庭道德底线。

蒙养 启蒙养正。语出《易·蒙》："蒙以养正，圣功也。" 无他法，但日教之孝悌，教之谨信 恭谨诚信，教之泛爱众亲仁。看略有余暇时，又教之文学，不疾不徐，不使一时放过，一念走作 越规，放逸，保完真纯，俾 bǐ。使无损坏，则圣功在是矣！是之谓"蒙以养正"。

古重蒙养，谓圣功在此也。后世则易骄养矣。骄养起于一念之姑息，然爱不知劳 使受劳苦，其究为傲为妄，为下流 下品，劣等 不肖 品行不好，没出息，至内戕 qiāng。杀害本根 同族、外召祸乱，可畏哉！可畏哉！

孩子的启蒙教育没有其他的办法，只有每天教他孝敬父母、和睦兄弟，教他言行谨慎而诚信，教他普爱众生、亲近仁义。如果还有闲暇就教他学习诗文。不能太着急，也不能太缓慢，不放过一时，不使一念走偏，使他保持率真纯洁的天性，不受丝毫损害，就算是建立了莫大的功德，这就是所谓的"启蒙养正"。

古人重视启蒙养正，认为至高无上的功业德行就在于此。但后世的人们却常常娇生惯养。娇生惯养都源于内心一时姑息与迁就的念头。可是只知道疼爱子女却不懂得让他们受些劳苦，终究会使其养成骄傲、狂妄的毛病，变得品行低劣，没有出息，对内戕害自己的同族，对外招致祸害灾难，太可怕了，太可怕了！

启蒙养正不专指对男孩，对女孩子也应该从小教育，使其品行端正。女子最大的污点是失去贞洁，最大的缺点是多嘴多舌，长舌招致灾祸，妖媚导致淫乱，自古以来就有记载。所以一方面要教诲她沉静少言，不要说三道四，招惹是非；另一方面要教育她简约朴素，不要过分修饰打扮。除了针线、纺织之外，还应该教她烹饪做饭，为日后操持家务做好准备。《诗经·小雅·斯干》说："慎勿多言要柔顺，家中酒食勤料理。"这几个字可以说包括了教育女孩子的所有内容。

蒙养不专在男也，女亦须从幼教之，可令归正。女人最污是失身，最恶是多言。长舌阶_{惹，招致}厉_{灾祸}，冶容_{打扮得很妖媚}诲淫，自古记之。故一教其缄嘿_{即"缄默"。沉静少言}，勿妄言是非；一教其简素，勿修饰容仪。针黹_{针线活。黹zhǐ，缝纫，刺绣}纺绩_{把丝麻等纤维纺成纱或线。古代纺指纺丝；绩jì，缉麻，把麻纤维拧成线}外，宜教他烹调饮食，为他日中馈_{指家中供膳诸事}计。《诗》_{《诗经·小雅·斯干》}曰："无非无仪_{没有文饰，没有威仪}，唯酒食是议。"此九字可尽大家姆训_{女子的教育}。

对于孩子的启蒙，姚舜牧认为需要父母每天开展道德教育，并让他们学习诗文，使他们保持纯洁的天性，但要懂得循序渐进，切忌过于急躁。与此同时，姚反对娇生惯养，认为过分宠溺子女会害人害己。这些教育方法值得今天家庭教育借鉴。

此外，姚舜牧不仅重视男孩的启蒙教育，也非常重视女孩的启蒙教育，认为既要使女孩品行端正，又要使其学会持家有道。这种家庭教育理念在男尊女卑的封建社会尤为可贵。

祖宗雖遠
祭祀不可
不誠

祖宗虽远
祭祀不可
不诚

凡议婚姻，当择其婿与妇之性行_{禀性与品行}及家法_{家庭教育}何如，不可徒慕一时之富贵。盖婿妇性行良善，后来自有无限好处，不然，虽贵与富无益也。

男女婚嫁，不能只看对方的物质条件，更要看重人品和家教。这体现了对传统"门第"观念的超越。

在谈论婚姻之事时，应当看男方或女方的性情、品行以及家庭教育怎么样，不能只贪图一时的荣华富贵。因为男女双方性情和善、品行端方，以后自己有无限的好处，否则，即使身份尊贵，财富殷实，也没有好处。

《诗经·周南·麟之趾》第一章说"诚实仁厚的公子",第二章说"诚实仁厚的公孙",第三章说"诚实仁厚的公族"。从儿子到孙子、从孙子到族人都能诚实仁厚,这是一个家族的福兆。常言道:"子孙贤能,家族就会强大兴盛。"凡是我们的族人都应当以此来勉励自己。

同一家族的所有人,都是祖宗的子孙,一旦有个富贵贤达的,祖宗泉下有知,一定会将家族的所有人托付于他。之间或有无能力奉养的、无能力受教育的、无能力婚嫁的、没有能力安葬亲人的,以及其他有忧患灾难而无法申诉的,理应尽心尽力来帮助周全他们。这是作为子孙完成祖先托付的分内之事,万不能当作普通的事情而加以推诿。

《麟趾》_{《诗经·周南·麟之趾》}之诗,首章云"振振_{诚实仁厚的样子}公子",次章云"振振公孙",三章云"振振公族"。由子而孙而族,皆振振焉,是为一家之祥。语曰:"子孙贤,族将大。"凡我族人共勉之。

通族之人,皆祖宗之子孙也,一_{一旦}有贵且贤者出,祖宗有知,必以通族之人付托之矣。间_{间或}有不能养、不能教、不能婚嫁、不能敛_{liàn。给死者穿衣,入棺。后作"殓"}葬,及它有患难,莫可控诉者,即当尽心力以周全之。此为人子孙承祖宗付托分内事,切不可视为泛常_{普通,平常}推诿。

族有孝友节义贤行可称者，会_{适逢}祀祖祠日，当举其善告之祖宗，激示_{激发，指示}来裔_{后辈。裔yì，后代子孙。}其有过恶宜惩者，亦于是日训戒之，使知省改。

族人有不幸无后者，其亲兄弟当劝置妾媵_{yìng。诸侯女儿出嫁时陪嫁的人}以生育，不可萌利其有之心。其人或终无生育，即当择一应继为嗣_{sì。子孙，后代}，切勿接养他姓，重得罪于祖宗。

《易》_{《周易·涣》}曰："风行水上，涣_{huàn。卦名，意涣散}。先王以享于帝立庙。"立宗祀，创族谱，所以合其涣也。然不立祭田_{收入用于祭祀祖先的土地}，恐后人或以无田而废

族人当中有孝顺友爱的、有节操仁义的、有贤良品行的，到了祭祀祖庙那天，应当向祖先陈说他们的善举，以求能够激励后辈。族人当中如有过错恶迹应当惩罚的，也应在这天加以训导警诫，让他们反省改正。

族人当中若有不幸无后的，亲兄弟应该劝其迎娶二房或随嫁之人，让她们生儿育女，不可产生从中获利的念头。如果族人最终没有子嗣，应当为其挑选一个合适的继承人作为后嗣，切不可抱养外姓之人，而重重得罪祖宗。

《周易·涣》卦辞说："风行于水上，象征'涣'。先代君王祭享天帝、建立宗庙以归系天下人心。"设立宗族祠庙，创修族谱，都是合乎"涣"卦"流散聚合"之意的。但如果不设立祭田，担心后人或借口没有田地而废弃

祭祀。设立义田供给族里那些无人养奉的人，设立义学教育族里那些没有能力受教育的人，建造义冢收殓族里那些无法入葬的人，这些都是仁人君子应当有的恻隐之心，一定要周全安排并传下去让更多的人受益。范仲淹自宋朝到现在已经几百年了，但范氏义庄仍然存在，而李德裕的平泉山庄如今又在哪里呢？应该以此来作为劝诫。

凡是本族的祠堂坟茔，一定要勤加照管，每年予以修葺护理，莫等到其受到大的损坏，才开始动工修缮。如果居住的房子有一檐一瓦的损坏，也要立即修好它，

祀。而立义田^{以救济贫穷者或赈济家族中的贫户而置的田地}以给_{jǐ。供应}族之不能养者，立义学^{旧时免费的学塾}以淑_{shū。教之从善}族之不能教者，立义冢^{掩埋无主尸体的公墓}以收族之不能葬者，皆仁人君子所当恻然动念，必周置^{妥善安排}以贻榖^{yí gǔ 遗留，养育。贻，传留，赠送；榖，养育}于无穷者也。范文正公_{范仲淹。字希文，谥文正。北宋文学家、思想家、政治家}，自宋迄_{qì。到，至}今盖数百年矣，而义庄^{指范氏义庄。范仲淹于1050年第三次被贬后，在其原籍苏州吴县捐助田地1000多亩而设立的。义庄田地的田租用于救助同宗、同族的贫穷者}尤存，李德裕_{字文饶。唐朝政治家、文学家}之平泉^{指平泉山庄。李德裕修建的私家园林}安在哉？敢以是为劝为戒。

凡祠堂坟墓，须时勤展视_{省视，照管}，岁加修理，莫教大敝，始兴_{兴起}工作_{土木工程}。若住居有一檐一瓦之坏，亦即宜治_{修治}之，

勿致颓敝 tuí bì。破败 可也。苟无端理由，切不可兴土木，致倾赀业 财产，产业。赀 zī，同"资"。语云："与人不睦，劝人造屋。"此言最可省。

祖宗血产 辛辛苦苦创立起来的产业，由卒瘏 拮据 指鸟筑巢，口足劳苦。后比喻艰难困顿或境况窘迫。语出《诗经·豳风·鸱鸮》："予手拮据……予口卒瘏。"卒 cù，通"悴"，衰弱，疲萎；瘏 tú，病，疲极致病；拮据 jié jū，鸟衔草筑巢，鸟足劳累 而来，生于斯，聚国族于斯，固其所深祝者，万万不可轻弃。倘以人众不能聚居，即归一房 宗族分支，每一支谓一房 居之，余各自为居处，切不可属之他姓，万一俱贫不能支，亦宜苦守一隅 yú。角落，思为恢复之计。若有不才，贪豪姓厚赀，先将受了投献 将田产托于权势之名下，通族宜共击之，鸣官 告于官府 治以不

不可让它破败。如果没有其他端由，千万不要大兴土木，以免家业倾覆。有谚语说："与人不睦，劝人造屋。"这话确实值得反思。

祖宗辛苦创建的家业，都是历经万苦受尽磨难得来的，他们生长在这里，在这里聚集宗族，因而对其有深挚的情感和祝愿，后人万万不可轻易丢弃。假如因家族人多不能够居住在一起，就留一房人住此，其他各房人自行寻找住所，千万不能将其转让给外姓，万一今后大家都贫困难以支撑时，也应苦守此处，再图复兴祖业的大计。家族中如果出个不肖子孙，贪图豪族大户的钱财，未经宗族商议，先受了钱物后把田产投寄豪家，全族人应一致反对他，告于官府治他不孝之罪，

随即以理与豪族大家抗争，不让家业被吞并。万一力量不足以抗衡，也应该诚恳哀求保留一份香火之田产，这才是贤孝的子孙。如果不这样，恐怕以后就没有脸面与先人在泉下相见，也没有脸面立足于人世之中了。

孝之罪，旋^{随即}以理抗势豪，莫为吞并。万一力不能抗，亦宜哀情乞存香火^{此指祭祀祖先的祭田}，是为贤子孙。不然者，恐不可见先人于地下，且亦无面自立于人世也。

姚舜牧在这里主要强调家族成员要奋发图强，使家族兴盛。同族所有人应该相互关爱、相互帮扶，特别是富贵贤达者更要救济贫弱者。对于本族的公共设施，族人都应该爱护。对于祖宗家业，后人不可轻易丢弃，要用心保护。这些训导之言体现了明显的宗族意识，对于家族和睦、家业传承具有积极的意义。

凡处家不可不读《家人卦》

《周易》卦名，巽上离下。家人，指一家之人。巽xùn。卦本"风自火出"《家人卦》下离上巽，离代表火，巽代表风，文王只系解释"利女贞坚守正道"三字。周公初爻初九爻辞："闲有家，悔亡。"爻yáo，组成八卦的长短横道，"—"为阳爻，"--"为阴爻即系"闲"之一字，闲从门从木，门有挡木，内外始有关防。二爻系"无攸yōu。用法相当于"所"。助词遂，在中馈家中的饮食等事"，申"利女贞"之意。然大纲关键却在男子身上，故三爻系"家人嗃嗃hè hè。严酷貌、严厉貌，悔厉危险，吉；妇子嘻嘻，终吝损人，损伤"，嗃嗃固似大严，而嘻嘻可称家节哉？言妇则责夫，言子则责父，是不可不身任其责者，如是始称有家。故四爻系"富家"以志顺，五爻系"假家"

处理家庭事务不能不读《周易·家人》卦辞。卦的本意只是风自火出，周文王只解释了"利女贞"三个字。周公初爻只解释了"闲"字，闲由门和木构成，门有木杠作挡，门的内外才有关隘和防备。第二爻释为"柔顺中正，女人的职责是在家料理饮食之事"，扩展了"利女贞"的意思，而这些的关键却在男人身上，所以第三爻说"从严治家，会使家人产生怨恨，但即使有灾难终会变吉祥；任凭妇女孩子随心所欲，最终会产生麻烦"，"嗃嗃"本就觉得太过严厉，但"嘻嘻"能称得上好的家风吗？说妇女有过要责问丈夫，说儿子有过要责问父亲，所以丈夫父亲不能不亲自承担责任，这样才称得上像个家。因而第四爻用"富家"来表示家庭和顺，第五爻以"感格家

人保有家庭"来表示家人友爱，但又必须诚实且威严，这样家庭才可以得以长久。因而上爻有"具有诚信，树立威严"之辞。《象辞》引申说："这就是所谓的反身自求。"那么反身是什么呢？即说话言之成理，行动持之以恒。古代圣人阐述治家，方方面面详尽无遗有如上述。有家的人需反复领略其中的深意啊！

感格家人以保有家室。假，旧读 gě，格。以志爱，然又须诚实而威严，可以常保得。故上爻系"有孚心有诚信威如威严之象"之辞。《象》申之曰："反身之谓也。"反身者何？言有物，行有恒而已。圣人论家政纲纪，节目条目曲折无遗详尽无遗盖如此。有家者尚三复于此哉！

评析

家庭教育中要坚持以身作则，家庭成员之间要相亲相爱、诚实守信，这样才能形成好的家风，家庭才会幸福长久。

家人内外大小防闲^{防备和禁阻。防，堤坝；闲，木栏之类的遮拦物}不可不严。凡女奴男仆，十年^{年龄十岁}以上，不可纵放其出入，而女尼^{梵语称女僧为比丘尼，简称尼}卖婆^{又称牙婆。旧时指出入人家买卖物品的妇女}等尤宜痛绝。盖此辈一出入，未有肯空手者，而且有更不可言者。周公系《家人》初爻云："闲有家，悔亡。"闲得定然后成得家。此语尤宜时当三复^{多次反复}。

待童仆不得不严，然饮食寒暑，不可不时加省视^{查看}。己食即思其饥，己衣即思其寒。如棉衣蚊帐之类，皆当豫^{预先}为料理。陶靖节^{陶渊明，字元亮，又名潜，私谥靖节。东晋诗人、辞赋家}遣一仆侍其子，曰："彼亦人子也，当善遇之。"此言大可深味。

导读

家族成员，不管内姓外姓，辈分长幼，防范不可不严。凡在家族中十岁以上的奴仆，不可以放纵任其出入，尼姑和做买卖的女人尤其应当禁绝往来。这样的人一旦出入家门，没有肯空手而归的，而且可能有说不出口的事发生。周公解释《周易·家人》初卦说："提防家里出事，没有悔恨。"防范警惕到位才可以更好地经营家庭。这话尤其应该时常反复诵读。

对待家中僮仆不能不严格，但对于他们的衣食冷暖，不能不时时照管关心，自己吃饭时要想到他们是否还在饿着，自己穿衣时要想到他们是否还在寒冷。诸如棉衣、蚊帐等生活用品，都应该预先为他们准备。陶渊明让一奴仆去照料自己的儿子，对儿子说："他也是人的儿子，应该好好对待他。"这话意味深长啊。

经营家庭要有防范之心，而且要善待家中仆人。这样的理念对维护传统社会中的大家族或大家庭具有十分重要的意义。

人须各务_{从事}一职业，第一品格是读书，第一本等是务农。外此，为工为商，皆可以治生_{谋生}，可以定志，终身可免于祸患。惟游手放闲_{闲荡不务正业}，便要走到非僻_{邪而不正}处所去，自罹_{lí。触犯}于法网，大是可畏。劝我后人，毋为游手，毋交游手，毋收养游手之徒。

人必须有自己的职业，士农工商，每一行都能谋生，千万不能游手好闲。但姚舜牧在这里用"第一品格"来形容"读书"，用"第一本等"来形容"务农"，用"可以定志"来形容"工商"，体现了封建社会"士农为优"，"工商末之"的尊卑排序。

每个人应该各自从事一职业，最有格局的是读书，最本分实在的是务农。除此之外，从事手工业或商业，都可以谋生，能让人安定心志，终身可以避受祸患。只有游手好闲，才会误入歧途，触犯法律，非常可怕。劝告我的子孙后代不要做游手好闲之人，也不要与游手好闲的人交往，更不要收养那些游手好闲的人。

子孫雖愚
經書不可
不讀

子孙虽愚
经书不可
不读

凡居家不可无亲友之辅帮助。然正人君子多落落孤高的样子难合，而侧媚以不正当手段讨好别人小人常倒在人怀，易相亲狎亲近而态度不庄重。狎xiá。识见未定者遇此辈，即倾心腹任之，略无尔我，而不知其探取者悉得也，其所追求者无厌满足也。稍有不惬，即将汝阴私攻发揭发，揭露于他人矣，名节身家，丧坏不小，孰若亲正人之为有裨bì。益哉？然亲正远奸，大要在"敬"之一字。敬则正人君子谓尊己而乐与交结，交往，彼小人则望望而去耳。不恶而严，舍此更无他法。

居家过日子不能没有亲戚朋友的帮助。然而在亲友中间，正人君子多半孤高难以合群。那些阿谀奉承的小人却常常倒在别人怀中，容易亲近狎昵。见识不足的遇到这类人，立刻就会对其推心置腹，深信不疑，不分你我。而不知这些人想要得到的东西就一定要全部得到，他们的贪欲也没有满足的时候。他们稍稍觉得有点不满意，就会将你的隐私公之于众，使你的名声受到玷污，家庭蒙受损失，哪里比得上亲近正人君子那么有益呢？不过亲近正人君子，远离阴险小人，关键要做到"敬"这个字。能尊敬人，那么正人君子便认为自己受到了尊重而乐意与你交往，而那些小人见了就会离去。不必交恶于他人就能显出威严，除此以外，再也没有别的办法。

与人交往时要亲近那些正直的人。如果与那些小人为伍，轻则会诱使你游手好闲，败坏家业，重则会教唆你相互构陷，戕害本宗子孙，更严重的会诱导你好淫纵欲，命丧黄泉。真可怕啊！

亲戚朋友中有贤能且地位显达的人，不可不与之多加结交，然而交往要合乎礼节。如果是从来不认识不了解的，不可轻易与其结交，否则只是招来卑顺谄媚的污辱。而且，与其花费大量金钱结交一个显贵之人却又得不到礼遇，还不如将这些钱用来周济贫穷或有急用的人家，使他们能够续延生活，永怀感激之情。

与族人和睦相处之外，还要与邻居友好相处。邻居与我家挨着居住久了，最应当亲近友好。

交与宜亲正人。若比_{亲近之}匪人_{行为不端之人}，小则诱之佚游_{即逸游。放纵游荡}而无节制以荡其家业，大则唆_{suō。挑动}之交构_{相互构陷}以戕其本支_{本宗，支子。指嫡系或庶出子孙}，甚则导之淫欲以丧其身命。可畏哉！

亲友有贤且达者，不可不厚加结纳_{结交}，然交接贵协_合于礼。若从未相知识者，不可妄_{胡乱}援交结，徒_{只，仅仅}自招卑谄_{bēi chǎn。谓低声下气，谄媚奉承。谄，奉承，巴结}之辱。且与其费数金结一贵显之人，不为所礼，孰若_{哪里比得上}将此以周_{救济}贫急，使彼可永_延旦夕，而怀感于无穷也。

睦族之次，即在睦邻。邻与我相比_{靠近，挨着}日久，最宜亲好。

假令_{假使}以意气相凌_{líng。侵犯}压，彼即一时隐忍_{克制忍耐}，能无忿_{fèn。生气，恨}怒之心乎？而久之缓急_{偏指急}无望其相助，且更有仇结而不可解者。

尝见有势之家，不独_{不仅}自行暴戾_{凶恶，暴行。戾lì，凶狠}于家，偶乡邻有触于我者，辄_{总是，就}加意气凌轹_{欺凌毁损。轹lì，欺压}，此大非理。吾家小人家，自无此事，或后稍有进焉，亦宜愈加收敛。不独不可凌于乡，即家有豪奴悍仆，但可送官惩治，切勿自逞_{逞性妄为}胸臆_{内心深处的想法}，取不可测之祸也。

吾祖居田畔，邻人有占过多尺者，初不与较而自止，若

假如意气用事对其欺凌压制，他即使一时忍气吞声，却怎能没有愤怒的心？长期下去，万一有个急事就无法指望得到他们的帮助，甚至还有可能出现结下深仇不可化解的情况。

曾经见过有权势的人家，不仅在家表现得性情粗暴，偶尔有乡亲邻人对之稍加触犯，就仗着意气欺压排挤，这是极不合情理的。我们家是小户人家，自然没有这样的事，或许以后家族会兴旺，也应该要加以收敛。不仅不能任意欺凌乡里，即使家里有这样蛮横凶悍的奴仆，也只能把他们送由官府惩治，切不可任意惩治，以召不可预知的祸端。

我们家的祖辈居住在田畔，邻居偶有侵占数尺的，开始就不与之计较他们自己就停止了，如

果非要与他计较而告于官府，那么人们都会说我们仗势欺人。如今附近有来卖地的，可以买的宁可多给他些价钱，使他无后话可说。如果不是附近的田地，应实地去看，如果是官府或军队的地，自然就断了购买的念头。天下大一统，尚且东边有倭国，北边有虏族，不曾和谐过，何况平常百姓家。何必一味苛求周全，煞费苦心，自找麻烦！

与较鸣官，人必谓我使势矣。今旁近去处或有来售，应买者宁略多价与之，使渠可无后言。其或不然，即切近处视之，若官地军地，自可息欲火矣。天下大一统，尚东有倭 wō。我国古代对日本人及其国家的称呼，北有卤 "虏"的讳称。对北方少数民族的蔑称，不曾方圆 方归方，圆归圆。喻和谐相处 得，况百姓家。何必求方圆，费心思，而自掇 duō。拾取 其扰害哉！

评析 　　姚舜牧在这里告诫家人，在与人交往时要远小人、近君子。与族人、邻居要和睦相处，不能有欺压排挤之行为。无论是古代社会，还是现代社会，为人处世要近善远佞、审择交游、与人为善。

吾子孙但务耕读本业，切莫服役于衙门；但就实地生理_{生活，生计}，切莫奔利于江湖。衙门有刑法，江湖有风波，可畏哉！虽然，仕宦而舞文_{指玩弄法律条文以行奸诈}而行险，尤有甚于此者。

我家子孙要做好耕田读书的本业，千万不要在官府衙门当差；只在当地谋生计，千万不要奔走江湖逐利。衙门里有刑法，江湖中有风波，非常可怕。即便如此，混迹于官场，舞文弄法，铤而走险的话，所招致的祸患比这些还要可怕。

评析

姚舜牧在这里告诫子孙要老实本分。如果不能自律，铤而走险，就会招来灾难。

世人所说的清白之家，不是轻易就能承担这一名声的，说他们立身行事必须是朴实无华，教育家人能够崇尚节俭，与他人交往完全合乎道义。凡是歌舞美色，不义之财，不合礼法的行为，稍微有损于家族名声的事，都坚决不去做；凡是孝敬父母，友爱兄长，清廉守节应当做的事情，对家族的名声有好处，则竞相去做。全家老少在一起聚会时，又能做到相互规诫教导，各人都想着无愧于贤者后代，这才是真正的清白之家。

凡是威势显赫的家庭，都有衰败消亡的时候，哪能比得上那些坚守正道、致力于本业的家庭，可以长久繁盛呢？"一团茅草乱蓬蓬"一诗，反复吟咏也会觉得颇有意味。

世称清白之家，匪_{不，不是}苟_{轻易，随便}焉而可承者，谓其行己_{立身行事}唯事乎布素_{布质素衣。形容衣着俭朴。此引申为行事朴实无华}，教家克尚乎简约_{节俭}，而交游一本_{完全根据}乎道义。凡声色货利_{歌舞、女色、钱财、私利}，非礼之干_{追求}，稍有玷_{diàn。使有污点}于家声者，戒勿趋之；凡孝友廉节，当为之事，大有关于家声者，竞则从之。而长幼尊卑聚会时，又互相规诲，各求无忝于贤者之后，是为真清白耳。

凡势焰熏灼，有时而尽，岂如守道务本者，可常享其荣盛哉？"一团茅草"之诗_{宋无名氏《题壁》：一团茅草}乱蓬蓬，蓦地烧天蓦地空。争似满炉煨榾柮，漫腾腾地暖烘烘。榾柮 gǔ duò，木柴块，树根疙瘩，三咏煞有_{极有。煞 shà，极，很}深味。

谚云："一日之计在于寅，一年之计在于春，一生之计在于勤。"起家的人，未有不始于勤而后渐流于荒惰，可惜也。《书》《尚书·太甲上》曰："慎重视乃俭德，惟怀永图。"起家的人，未有不成于俭而后渐废于侈靡，可惜也。

居家切要要领，纲要，在"勤俭"二字，既勤且俭矣，尤在"忍"之一字。偶以言语之伤，非横之及，不胜能承受能承担一朝之忿，构怨结仇，致倾家室。可惜历年勤俭之苦积，一朝轻废也，而况及其身，并及其先人哉。宜切戒之！

谚语说："一天的谋划在早晨，一年的谋划在春天，一生的谋划在于勤奋。"创立家业的人，没有不是开始辛勤耕耘，但后来慢慢就变得荒废懒惰了的，真是太可惜了。《尚书·太甲上》说："重视节俭的美德，怀有长远的谋划。"创立家业的人，没有不是因勤俭节约而创下产业，但后来因骄奢淫逸而逐渐衰落的，太可惜了。

居家过日子关键在"勤俭"二字，既勤劳又节俭，更重要在"忍"这个字上。偶然因为言语中伤，是非横祸就会降临，忍受不了一时气愤，含怨结仇，致使倾家荡产。可惜多年含辛茹苦积攒下来的家业，瞬息之间就会葬送。更何况不仅祸及本人，还牵累祖先啊。应该要以此为戒！

只有操行美洁才可以享受得了富贵荣华，即使拥有富贵荣华也不能不操行美洁。

家庭处于穷困贫贱时，应该谨记"守分"二字；家庭处于富贵昌盛时，应该想着"惜福"二字。人每到贫困之时，最应该坚持操守，安贫乐道。假如卑躬谄媚于豪族权势之人，不只有损于自家门风，而且白白地招人厌恶，这实际上也改变不了自己的贫困。

人应该勤俭节约、自我修持，不能仗着产业殷实而加以浪费。等到家业衰败凋零时再四处求人，是很不体面的，况且还有求人求不到的。即使求得了，也应当努力偿还以保证诚信，否则会被读书人鄙视。对这方面的事一定要谨慎。

惟清修_{指操行高洁美好}可胜富贵，虽富贵不可不清修。

家处穷约_{穷困，贫贱}时，当念"守分"二字；家处富盛时，当念"惜福"二字。人当贫困时，最宜植立自守衡门之节_{指穷人应有的气节。语出《诗经·衡门》："衡门之下，可以栖迟。"衡门，指穷者居住地}。若卑谄于豪势之人，不独自坏门风，且徒取人厌，其实无济于贫乏也。

人须俭约自持，不可恃产浪费。到败坏时干求人，许多不雅，尚有未必得者。即得，亦须勉偿以完_{保全}信行，否则不齿_{不与同列。表示极端鄙视。齿，次列，并列}于士类矣。尚慎诸_之。

家庭成员在日常生活中应该要勤俭节约，不可懒惰、奢靡、浪费，这样才能永远保持"清白之家"的称号。姚舜牧在这里道出了普遍的持家之道，对今天的家庭建设和公民道德建设具有很大的启示。

没有特殊情况不可轻易去借贷，欠债是需要偿还的，一丝一毫都不能抵赖。如若家里日子过得还不错，别人有急需来家里借贷，宁可帮助少给他一些，万不能轻易借贷给他，这样以后会伤及亲情。如做保证人做中间人的事，关系到自身的操行，一定记住不能去做。

无端_{无缘无故}不可轻行借贷，借债要还的，一毫赖不得。若家或颇过得，人有急来贷，宁稍借_{帮助}之，切不可轻贷，后来反伤亲情也。若作保_{保证人}作中_{中间人}，即关己行，尤切记不可。

不轻易向人借钱，也不轻易给人做担保，因为这其中暗藏着失信、伤及亲情等风险。这些警示在当今市场经济时代仍有意义。

家稍充裕，宜由亲及疏，量力以济其贫乏，此是莫大阴骘犹阴德。即暗中行善积德。骘zhì，安定事。不然，徒积而取怨，祸且不小矣。语云"久聚不散，必遭水火盗贼"，此言大可自警。

家庭变富裕了，应该学会扶贫济困、回报社会。如果过分守财，就会存在发生祸端的风险。姚舜牧这段话语就是告诫子孙，要树立正确的财富观。

家里稍稍变得充实富裕了，应该由亲及疏，力所能及地接济他们的贫困，这是最大的阴德。不这样的话，只顾多积财就会招来怨恨，并且祸害不小。俗语说："只知长久敛聚却不肯施舍，必定会遭到水火和盗贼之灾。"这话很值得用来警示自己。

勿貪意
外之財

勿貪意
外之財

凡燕会_{即宴会}期于成礼，切不可搬演_{演出}戏剧。诲盗启淫，皆由于此，慎防之守之。

丧事有吾儒家礼在，切不可用浮屠_{佛教用语。指佛教}。

冠_{加冠。古时男子年满二十岁行加冠礼，表示进入成年}、婚、丧、祭四事，《家礼》_{即《朱文公家礼》，又称《朱子家礼》，简称《家礼》。中国古代记载冠、婚、丧、祭等家礼的书。相传为朱熹撰}载之甚详，然大要在称_{chēng。量}家有无，中于礼而已。非其礼为之，则得罪于名教_{以正名定分为主的封建礼教}；不量力为之，则自破其家产。是不可不深念者。

凡是宴饮聚会希望合乎规定的礼仪，切不可演出戏剧。教人行盗、诲人淫邪都由此而生，要谨慎防范。

举办丧事，自然要按儒家的礼仪规范来，切记不可请和尚做法事。

成年加冠、结婚、丧事、祭祀四件事，《家礼》记载很详细，然而关键是要与家庭经济情况相符，合乎礼制就可以了。不按照礼制而任意为之，就会有损于礼教；不量力而行，那就是自败家业。这点不可不深入考虑。

评
析

古代社会是重礼制的社会。姚舜牧在这里就是希望家庭成员在任何正规场合切莫失去应有礼仪，忌、婚、丧、祭要量力而行。告诫大家，失礼也可导致家业败坏。

如今有人戒杀牲，似乎有些过分。然而随意设宴，滥杀牲口，确实是不应该的。读到苏轼描写牛羊被杀时"号呼于挺刃之下"等几句话，该当举起筷子而不忍食了。

今人有戒特杀^{指为办某事宴客而专杀一牲}者，似为太过。然轻启宴会，多杀牲口，诚亦不宜。读苏子^{苏轼。字子瞻，又字和仲，号东坡居士。北宋文学家、书法家}"号呼于挺刃之下"^{语出苏轼《代张方平谏用兵书（熙宁十年）》}数语，当举箸^{zhǔ。筷子}不忍矣。

姚舜牧告诫子孙不可滥杀牲口，体现了儒家民胞物与的思想观念，以及合理利用自然资源的生态观。

凡亲医药_{尊长有病，亲侍奉药}，须细加体访_{察访}，莫轻听人荐_{介绍}，以身躯做人情。凡请师傅_{老师}，须深加拣择，莫轻信人荐，以儿子做人情。凡成契券，收税册大关节_{重要环节}，须详加确慎，莫苟信人言，轻为许可，以身家做人情。

凡是父母有病请医奉药，必须得仔细盘问寻访，切不可轻信他人介绍，拿父母的身体来做人情。凡是给孩子请老师，应该精挑细选，切不可轻信他人推荐，拿自己的儿子来做人情。凡是签订契约、处理收税册等重要的环节，必须得详细确切，谨慎行事，切莫轻信他人言语，轻易允诺，那就是拿身家性命做人情。

评析

凡是给亲人治病、聘请老师、签订契约、处理收税册等事宜，一定要谨慎小心，不可鲁莽，因为这些事关系到人的身家性命。姚舜牧的这段家训体现了对生命的负责。

人们需要自我保养身体，不要让自己生病。即使不幸生病了，也应该自我反思是何原因致病的。不要因忌讳而不去看医生。已经就医治病了，就应该放宽心等待痊愈。生病了，对内不要轻信妻子的话，对外不要轻信江湖术医的话，以免浪费钱财而倾家荡产。

丙午之年去朝会，碰到萍乡令尹韩眉山，听他说曾见到过年纪一百〇五岁的老人，他问老者有什么养生方法没有，老者回答说并没有什么秘方，只说少年时听人说夏至、冬至不宜行房事，因此在夏至、冬至前后禁绝房事一个月。这些内容原本记载于《礼记·月令》中，老者偶然听到这些就相信了并一直践行不辍，多年如一日，这就是所谓的养生秘诀吧。遗憾虽饱读诗书，反而不

人须自保养，不使有疾。或不幸有疾，当自反其所以致此者。弗讳以忌医。既就医治矣，宜宽心以俟sì。等待其愈。内勿轻信妇人言，外勿轻信医师言，破费以倾其家产。

丙午觐行朝见君主。觐jìn，遇萍乡尹yǐn。县令韩眉山丈，说曾见年一百五岁者，问有养生之法否，回言未尝有之，唯少年见人说夏冬二至宜绝房事指性生活，因于每至前后共戒一月。此本载在《月令》《礼记》篇名。逐月介绍十二个月的时令、行政及相关事物。秦汉时人托周公之名而作者。伊偶闻诚信而行之，多历年所，是所谓修养之要诀也。恨知读书者反不能行，而自促

其亡耳。余老矣，悔不早闻此言，后来少年，宜因此言慎戒以遐享焉。

凡人欲养身，先宜自息欲火；凡人欲保家，先宜自绝妄求。精神财帛，惜得一分，自有一分受用。视人犹己，亦宜为其珍惜，切不可尽人之力，尽人之情，令其不堪忍受，承受。到不堪处，出尔反尔，反损己之精力矣。有走不尽的路，有读不尽的书，有做不尽的事，总须量精力为之，不可强所不能，自疲其精力。余少壮时多有不

能按书上的去做，到最后自取其祸啊。我已经老了，后悔没有早听到此番话，后辈年轻人，应该遵循这番言语，谨慎持戒以求更长久的寿命。

人要想保养身体，首先应当抑制内心的欲望之火；人要想保全家业，首先应当杜绝非分的追求。精力和财富，节省一分，自会有一分供日后享用。对待他人，要像对待自己一样，也应当替他人珍惜节省，千万不要竭尽别人的力量和伤尽别人的情感，令他人无法忍受。到了实在无法忍受时，你怎样对人家，人家就怎样对你，反过来又会损伤自己的精力。人生有走不完的路，有读不尽的书，有做不完的事，都要根据自己的精力适当去做，不能勉强去做力不能及的事，使自己疲惫不堪，损坏身体。我年轻时不

明白这个道理，经常做一些不合理的事，经常做一些不爱惜自己身体的事情，如今一想起来就后悔。你们后辈应当自我反省，自我保养，不要效仿我的做法，不要等到年纪大了才追悔莫及。

断不可以读天文、谶纬等方面的书，断不可轻信妖人咒语迷惑的法术，以免招来不可预测的灾祸。像道教炼丹之术，都属于妖言妄说，尤其不能轻信，以防自己败坏了家业。

知循理事，多有不知惜身事，至今一思一悔恨，汝后人当自检反省自养，毋效我所为，至老而又自悔也。

切不可习天文谶纬谶书和纬书的合称。谶chèn，是秦、汉间巫师、方士编造的预示吉凶的隐语；纬，是汉代附会儒家六经宣扬符箓瑞应占验的各种著作之书，切不可听妖人咒魇yǎn迷惑之法，自取不可测之祸。若全真指全真教。中国道教的主流宗派，于北宋末年至南宋初年由王重阳所创炼丹，总属妖妄，尤切不可轻信，以自破其家。

评析

姚舜牧在这里告诫子孙修养身心之道。在他看来，人要学会抑制欲望、量力而行，切不可轻信妖言怪术。但他认为生病了，在家里不要轻信妇人的言语，以及断不可以读天文方面的书籍，未免有点偏激。

读书的人有文会文士饮酒赋诗或切磋学问的聚会，文会择人，方有益无损。做百姓的有社会古时社日里举行的赛会、神会祭社迎神的集会，此地方有众事，不可独却拒绝，推辞，出银不赴饮可也。若银会酒会，则万万不可与，未有与而克终者。

在姚舜牧看来，相比于其他事情，人应该花更多精力在读书和增长知识上。这种尊重知识的态度值得肯定。

读书人有切磋学问的聚会，以文会友要选择适当的人，才能有益而无害。普通老百姓有社日赛会、祭祀方面的神会，这是地方上大家共同的事情，不可以单独推却，但只出银两不去参加宴饮就可以了。像集资或饮酒聚会这类事，是万不可参与的，没有经常参与而得善终的人。

打官司不是好事，即使有人蛮横不讲理，强加之罪，也应该尽量忍让，不要轻易提起诉讼。到了实在无法忍耐的地步，才可以向官府提出控告。但假如有人从旁劝解调停，就应当听从其劝解，息事宁人。《易经·讼卦》卦辞中"持守中道，吉利，一意孤行，凶险"，"没有胜诉"等说法，最应该反复体会其中的深意。然而细想"做事情从一开始就精心谋划"这句话，才是杜绝争讼的根本。

讼非美事，即有横逆横暴不顺理之加，须十分忍耐，莫轻举提起讼。到必不可已处，然后鸣之官司。然有从旁劝释者，即听其解，已之可也。《讼卦》辞"中吉，终凶"，"不克讼"等语，最宜三复，然究之"作事谋始"一语，则绝讼之本也。

姚舜牧主张在与人发生矛盾或冲突时要尽量忍让，不要轻易提起诉讼，要学会从一开始就精心谋划。这体现了"以和为贵"的理念，但同时也凸显了法制观念的淡薄。

谚云："若要宽，先完官^{完纳官税。}"钱粮切不可拖赖。吾家世来先完钱粮，故里长^{明洪武年间，以一百一十户为一里，推丁粮多者为长}争夺为甲首^{甲长。}今虽业渐稍充，只照先限完银，不累里长比责^{追征，责难}；照旧加增完粮，不累里长赔贻^{赔垫，赔补。贻bì，给，与}。里长要我为甲首，可常为快活百姓矣。切不可听人说，自立宦户^{官宦户籍。}立宦户，要白养一个出官的人，万一差池^{差错}，县父母^{县官}或加比较^{一种催税方法。旧时官府征收钱粮等，立有期限，至期不能完成，须受责罚，然后再限日完成。三日为一比，五日为一较}，官军临兑^{旧时指税粮收兑入国库}，或来噪嚷，即讨得小便宜，失却大体面矣。万一田多要立，宜分付出官的人，谨慎承役，且宜

谚语说："若要家里宽裕兴旺，首先完纳官家钱粮。"该缴纳的钱粮不能拖延和抵赖。我们家世代以来都是率先交完钱粮的，所以里长都争着让我们作甲长。如今家业虽然充盈富庶了，但还是像以前率先缴纳银两，不能连累里长受责罚；遵循旧例完成附带的粮食，不拖累里长赔垫。里长让我做甲首，这样可以做个快活的老百姓了啊。千万不能听他人劝说，自己确立官宦户籍。确立个宦户，要白养一个可以出官差的人，万一哪天出了差错，县官要来限期责罚，入库时官军要来找麻烦，虽然讨了个小便宜，但失了大体面。万一田地较多要立宦户，应该分给要出外做官的人，谨慎承担差役，而且自己要勤加

照管，不要让出外做官的人从中
牟利，连累家族。

凡是遇到一定难以解决的事
情，就应当挺身而出，担当责任，
这样才可以了结。如果一味逃避，
就会被人视为懦弱，受到的欺辱
讹诈，不能胜说了。而且事情如
果还难以了断，就是花再多的钱
财又有何益？俗话说："怕这怕
那，那自己身上还剩有什么呢？"
这话可用来反省自己。

自加照管，莫使出官的人侵渔
_{渔利}其间，为身家之累。

评
析

　　按规定缴纳钱粮，不连累
他人，也不要投机取巧，体现了
对封建制度的认可和拥护。

凡有必不可已的事，即宜
自身出，斯可以了得。躲不出，
斯人视为懦，受欺受诈，不可
胜言矣。且事亦终不结果_{结束，了断}，
多费何益？语云："畏首畏尾，
身其余几？"可省已。

评
析

　　告诫子孙遇事要敢于担当，
不能逃避，畏首畏尾。体现了合
理的处事原则。

积金积书，达者犹谓未必能守能读也，况于珍玩〔珍贵的供观赏的东西〕乎？珍玩取〔招致〕祸，从古可为明鉴〔明亮的镜子。指能够引以为戒的前例〕矣，况于今世乎？"庶人无罪，怀璧其罪"〔语出《左传·桓公十年》："匹夫无罪，怀璧其罪。"大意是：百姓本没有罪，因身藏璧玉而获罪。此指因财致祸〕。身衣口食之外，皆长物也；布帛菽粟〔shū sù。豆和小米。泛指粮食〕之外，皆尤物〔害人的东西〕也。念之。

积攒金钱、收藏图书，贤达富贵的人尚且认为未必能够守得住、能够读得完，何况奇珍宝玩呢？奇珍宝玩可以招来灾祸，自古就有明鉴了，更何况在今天呢？

"平民百姓没有罪，但身揣璧玉即是罪"。除了身上的衣服、糊口的食物以外，其他东西都是多余的；除了布帛和粮食之外，其他都是祸害人的东西。一定要记住这点。

评析

人不要过分陶醉于奇珍异宝的收藏，否则容易招来灾祸。姚舜牧这段训言其实是在告诫子孙要保持朴素寡欲的生活状态。

现在的人特别迷信风水，将祖先的坟墓屡屡迁移改葬，以求能够尽快获得祖荫的福泽。但他们却不明白富贵显达是命中注定，活着的人不想着努力奋进修行，却专门希望得到死者给予庇护，有这样的道理吗？甚至有的人因为迷恋风水以至于倾家荡产，祸及自身，为什么不反过来去按天理规律行事呢？真是糊涂。

我曾在书中看到古时候有人不安葬父母的内容，说孝子仁人埋葬自己的父母，也有一定的讲究，怎么能不选个好地方以便合乎当下的礼仪教化呢？可是所谓的好地方是指能够藏风敛气，可以庇佑子孙后代的地方。非要找一处能使自己发迹显达的地方而煞费思量、绞尽心力地搜求谋划，甚至损人利己，这最是伤天害理

今人酷 极，甚，程度深 信风水 指宅地或坟地的地势、方向等。旧时认为这些与人事的吉凶祸福有关，将祖先坟茔 yíng。坟墓，坟地 迁移改葬，以求福泽之速效。不知富贵利达自有天数 天命，生者不努力进修 进德修业，而专责 只是要求 死者之荫庇 庇佑，保护，理有是乎？甚有贪图风水 旧时指宅基地、坟地等的自然形势，如地脉、山水的方向等，至倾其身家者，曷 hé。何 不反而求之天理也？可谓惑已。

看上世尝有不葬其亲者节，说到孝子仁人之掩 埋葬 其亲，亦必有道矣，安可不觅善地以比化 合乎教化 者？但善地是藏风敛气，可荫庇后人耳。必觅发达 发迹显达 之地，多费心力以求谋，甚至损人而利己，此最是伤天

理事，切不可为。若所葬埋处，苟无水无蚁，亦可自惬矣。或听堪舆家言，别迁移以求利达，是大不孝事，天未有肯佑之者。尤切戒不可，切戒不可！

堪舆 kān yú。即风水。指住宅基地或墓地的形势。亦指相宅相墓之法。堪，天道；舆，地道

吾上世初无显达者，叨仕自吾始，此如大江大湖中，偶然生一小洲渚耳，唯十分培植，或可永延无坏，否则夜半一风潮，旋复江湖矣。可畏哉！可畏哉！

显达 荣显闻达

叨 tāo。犹忝。谦辞，表示受之有愧

仕 做官

生 形成

渚 zhǔ 水中小块陆地。

培植 培护

旋 随即

的事情，千万不能去做。假如埋葬双亲的地方，没有水涝、虫蚁之害，也就心满意足了。有的人听信风水先生的话，迁移先人遗骨到其他地方，以求升官发财，这是大不孝的做法，上天没有肯保佑这样的子孙的。千万不要这样做，千万不要这样做。

我的祖上没有显赫闻达的人，做官愧从我开始，这就像大江大湖中，偶然形成的一块小沙洲，只有精心维护，或许可以使其长久延续、免于毁坏，否则，半夜一阵风浪过后，随即就会被江湖水吞没。真可怕啊！真可怕啊！

姚舜牧在这里对那些信奉风水的行为（如迁移祖坟以期望获得祖宗庇佑）进行了斥责和批判，这不仅在封建社会很难得，对当今社会风气的优化也具有积极的意义。

创立家业的人都期望子孙繁盛，但能做到这点的关键在于一个"仁"字。桃、李、杏的果实都称作"仁"。所谓"仁"，就是繁衍生命的意思。虫子在里面蛀，寒风在外面侵蚀，这样的果实还能生长繁衍吗？人的内心产生淫邪的欲念，表现在行为上就会放纵恣肆，奸诈邪恶，就仿佛虫子蛀蚀、寒风侵蚀。一定要当心这一点，为子孙后代繁衍考虑。

人们为子孙后代考虑，都想着创立一份家业，然而哪有家业既宏大又传之久远的存在呢？舍弃了心性的培养而忙于经营田地，舍弃了品德的修养而忙于购置房产，已经失去了做人的本性。何况唯利是图，这是在损阴德。还想让子孙永久享有家产，怎么可能呢？

做善事上天会降下祥瑞，做

创业之人，皆期子孙之繁盛，然其本要_{关键}在于一仁字。桃梅杏果之实皆曰仁。仁，生生之意也。虫蚀其内，风透其外，能生乎哉？人心内生淫欲，外肆奸邪，即虫之蚀、风之透也。慎戒_{谨慎戒惧}兹，为生子生孙之大计_{大事}。

凡人为子孙计_{考虑}，皆思创立基业，然有至大至久者在乎？舍心地而田地，舍德产而房产，已失其本矣。况惟利是图，是损阴骘。欲令子孙永享，其可得乎？

作善降祥，作不善降殃，

原 文

古来之人试得多了，不消我复去试得。

导 读

坏事上天会降下灾祸，自古以来人们在这方面试得多了，不用再让我们去尝试了。

评 析

　　姚舜牧告诫子孙在创立家业的同时，一定要胸怀仁德，注重品德修养。这对当今社会的家庭道德教育具有重要的启迪意义。

祖宗积累功德多少年，才生养了我们，也算是跻身官宦人家行列。但有的人却依仗才能和权势，专横狂妄，败坏名声，有损教化，可惜祖先一点一滴积累起来如珠玉一样宝贵的恩德家业，一下子就化为乌有了。

谚语说："讨便宜处失便宜。"这个"处"字极有深意。大概才一有讨便宜的念头，就自己坏了心术，自己损了阴德，失去了大便宜就在于此。不必等到失去便宜的时候才看出这一点。

尊贵的家庭，鬼神都在注视着他们家。凡事做到无愧于神明，才可以得到上天的庇佑，否则不知不觉昏乱迷惑，自己已处在危亡的道路上了。"上天既能开启其聪慧，也能使其丧失判断力"，这两句话应时时警惕自省。

佛家说："要知道前世种下

祖宗积德若干年，然后生得我们，叨在衣冠^{借指官宦阶层}之列。乃或自恃才势，横作妄为，得罪名教^{名声和教化}，可惜分毫珠玉之积，一朝尽委^{抛弃、舍弃}于粪土中也。

语云："讨便宜处失便宜。"此处字极有意味。盖此念才一思讨便宜，自坏了心术，自损了阴骘，大失便宜即此处矣。不必到失便宜时然后见之也。

高明之家，鬼瞰^{kàn。窥视}其户。凡事求无愧于神明，庶可^{大概能够}承天之佑，否则不觉昏迷，自陷于危亡之辙矣。"天启其聪，天夺之鉴"，二语时宜惕省^{警惕自省}。

释氏^{释迦牟尼的略称。泛指佛教、佛家}云："要知前世因，今生受者是；要知来世因，今生作者_{作为}是。"此言极佳。但彼云前世后世，则轮回_{佛教认为世间众生莫不辗转生死于六道（天、人间、修罗、畜生、饿鬼、地狱）之中，如车轮旋转称之为轮回}之说耳。吾思昨日以前，而父而祖皆前世也，今日以后，而子而孙皆后世也。不有祖父之积累，昔日之勤劬_{勤劳辛苦。劬 qú，过分劳苦}，焉有今日？乃_{如果}今日作为，不如祖父_{祖辈父辈}之积累，可望此身之考终_{尽享天年}，子孙之福履_{福禄}乎？是所当惕省者。

余令_{任县令}新兴，无他善状，唯赈济一节，自谓可逭_{huàn。免除，逃避}_{抵偿，逃避}前过，乃_{却，竟然}人揭_{检举}我云："百姓不粘一粒，尽入私囊。"余亦不敢辨，但书衙舍云："勤恤_{勤政恤民}

的因，那今生所承受的一切就是；要知道下辈子的情况，从当下的作为中就能推知。"这话说得极好。不过佛家所谓的前生后世，则是轮回之说。我想昨天以前，父辈、祖辈都是前世；今天以后，儿子、孙子都是后世。没有祖辈父辈的积累，没有他们过去的勤奋劳累，哪会有我们的今天？如果我们今天的所作所为，不能像祖辈父辈那样积德积福，还想指望自身长寿善终、子孙永享福禄吗？这是应当警惕自省的。

我任新兴县令时，没有别的政绩，只有在赈济灾民方面，自认为可以抵偿以前的过失。却还有人揭发我说："老百姓没有见到一粒米，赈济粮全部被收入自己囊中。"我也不敢申辩，只在官衙内大书一对联："勤恤在我，

知不知有天知；品骘由人，得
不得皆自得。"如今虽然不敢说上
天已经知道我的为人，可是我自
己起码做到了比平常心安理得。
你们后辈中如果有人以后做了官，
只求做到问心无愧，不要因为别
人的褒贬而改变。

我曾估量自己所得的已远过
应该得到的，特意作了一副对联：
"得此已过矣，致萌半点邪思；
求为可继也，须积十分阴德。"
这四句话是我的传家四宝，不要
因它通俗如乡下俚语而轻视。

我家世代都用纹银，从不结
识化银的银匠，反而自得福泽。
用低银和串水米的人，大大损伤
了自己的阴德，千万警戒这一点。

现在的人想欺负人，怎么可

在我，知不知有天知；品骘_{评定}由
人，得不得皆自得。"今虽不
敢谓天知，然亦较常自得矣。
汝辈后或有出仕者，但求无愧
于此心，勿因毁誉自为加损也。

余尝自揣_{自我估量}深过涯分_{本分,}
_{限度}，特书小联云："得此已过矣，
致萌半点邪思；求为可继_{继承家业}
也，须积十分阴德。"此四语
是我传家四宝，莫轻视为田舍
翁_{年老的庄稼汉}也。

吾家世用文银，不识煎销
_{熔化}银匠，却亦自得便宜。用低
银_{通过熔化,掺杂铅质而重铸的银子}及串水米者，自损
阴德不小，当切戒之。

今人欲欺人，岂能行之智

与强者？无非欺其愚，欺其懦弱而已。然老天煞有明眼，报应分毫不错，吾谁欺，欺天乎？此匪独^{不单是，不只是}大契约大交关处^{重要关头}不可欺，即权衡豆釜^{古代量器名。四升为豆，四豆为区，四区为釜，十釜为钟}之间，亦不可分毫欺也。

凡置田地房屋，先须查访来历明白，正契^{正式的契约}成交，价用足色足数，不可短少分毫。稍讨分毫便宜，后便有不胜之悔矣。"贵买田地，积与子孙"，古人之言，不我欺也。若贪图方圆^{在对形状不规则的田块折算面积时贪便宜}一节，所损阴德不小，尤宜深戒。

谚云："贪产穷，惜^{吝惜}产穷。"此言大是有味。

能欺负到那些比自己聪明与强势的人呢？无非欺负那些愚笨的、无能的人罢了。然而上天是有双明眼的，报应会不差分毫，我们欺负谁，欺负上天吗？这不只是说在重要关头不能欺负人，即使在一斤一两、一升一斗之间，也不能有分毫的欺压。

但凡要置办田地房屋的，需要先把来历查问明白，然后定契约成交，所付银子要成色足够数，不可短缺分毫。稍占分毫便宜，以后便会有不尽的悔恨。"重金买下田地，留给子孙"，古人的话没有欺骗我们啊。如果贪图别人一寸田地，损坏的阴德不少，尤其要引以为戒。

俗话说："贪产穷，惜产穷。"这话颇有意味。

田地多了难以照管，有薄田几亩能满足穿衣吃饭就够了；奴仆多了难以约束管教，有几个可供使唤的人就够了。肥沃的田地令人嫉羡，伶俐聪明的人会使乖巧。为何不在这些方面多加谨慎呢？

田地多，难照管，薄薄可供衣食足矣；奴仆多，难约束，庸庸_{稀少貌}可供使令足矣。膏腴_{gāo yú。肥沃}的田人所美，伶俐的人会使乖_{卖弄聪明}。曷慎诸_{之乎}？

姚舜牧在这里主要告诫后世子孙在为人处事中要积德积福，做到不贪心、知足常乐、无愧于心，但他的话语中也流露出因果报应的封建迷信思想。

余嫁女不论_{讲求}聘礼，娶妇不论奁赀_{指嫁妆。奁lián，梳妆镜匣，代指嫁妆；赀zī，通"资"，钱财。}令新兴抵舍，房闼_{tà。门与屏之间}中不留一文，是儿曹_{泛指晚辈}所共知见者，后人当以为式_{法度，规矩。}

我嫁女儿不讲求聘礼多少，娶媳妇不讲求嫁妆多少。我出任新兴县令时，房门之中不留一文钱。这都是你们有目共睹的，后代们也应当这样做。

评析

姚舜牧在此要求后人树立正确的金钱观和利益观，值得今天的人学习。

勿飲過
量之酒

余总角古代汉族男女未成年前的发型。头发梳成两髻，形状如两角，故称总角。泛指童年时期时，遇长者于道，肃揖拱立，俟过后行。偶有问及，则谨对而退，而面犹发赤也。今少者似不如是矣。尔曹但看"阙党童子"一章_{《论语·宪问》："阙党童子将命。或问之曰：'益者与？'子曰：'吾其居于位也，见其与先生并行也。非求益者也，欲速成者也。'"大意是：阙里的一个童子来给孔子传话，有人问这是个求上进的孩子吗？孔子评价说这个传话的童子是个急于求成、不注重礼仪的年轻人。阙党，即阙里，孔子家住的地方。}自知礼逊_{差，比不上。}可免欲速成之诮_{嘲讽。}

我还是小孩子的时候，在路上遇到长者，总是恭敬地拱手而立，等长者经过后才行。偶尔有长者问话，就谨慎对答然后退下，而面色仍然发红。现在的年轻人好像不这样了。你们只要看看《论语·宪问》中讲"阙党童子"这一章，就会知道自己礼节上的不足，也可以避免受到"想急于求成"的讥讽。

年轻人一定要懂得礼敬谦让。今天的社会仍然需要这种品德。

一部《大学》，只讲修养身心的道理；一部《中庸》，只讲修炼大道的义理；一部《易经》，只讲怎样匡补过失。"修补"这两个字非常好，器具衣服坏了，尚且想到修补，更何况身心呢？

一部《大学》，只说得修身；一部《中庸》，只说得修道；一部《易经》，只说得善补过。"修补"二字极好，器服坏了，且思修补，况于身心乎？

《大学》 论述了儒家修身治国平天下的思想。相传为春秋时期孔子的学生曾参所作。儒家经典著作

《中庸》 为《礼记》第三十一篇。作者是谁尚无定论。写于战国末期至西汉之间。儒家经典著作

评析

人要经常自我反省，不断提升道德修养，唯有如此，身心才能保证健康。

《易》《易经·噬嗑卦》曰："聪不明也。"《诗》《诗经·大雅·抑》曰："无哲不愚。"自恃聪哲的,便要陷在昏昧不明处所去,可惜哉!所以人贵善养其聪,自全其哲 _{聪明,有智慧。}

智术仁术不可无,权谋术数 _{随机应变的计谋} _{权术,计谋}不可有。盖智术仁术,善用之以归于正者也;权谋术数,曲用之以归于谲 _{jué。欺诈,玩弄手段}者也。正谲之辨远矣,动关人品,慎诸。

才不宜露,势不宜恃,享不宜过。能含蓄退逊,留有余不尽,自有无限受用。

凡闻人过失,父子兄弟私

《周易·噬嗑卦》说:"聪明的人往往不能明察。"《诗经·大雅·抑》说:"没有哪个聪明人没做过愚笨的事。"自以为聪明睿智的人,就会陷入昏昧不明的境地,太可惜了!所以,人贵在善于培养自己的聪明才智,保全自己的明哲。

智慧和仁德的策略是必不可少的,机谋和巧诈是不能够有的。智慧仁德之术,合理使用就会将其引向正道;权变谋略之术,运用不当就会归于欺骗。正大光明和奸邪狡诈的差别实在太大了,关系到人的品质,千万要谨慎。

才华不宜显露,权势不宜倚仗,享受不宜过分。能够含蓄谦退,凡事留有余地不致耗尽,自然会有说不尽的好处。

凡听到别人的过失,父子兄

弟之间私下聊天时，有时可以说说用来自我警戒。切不可告诉别人，以免招来埋怨和祸端，这事关重大。

凡是与人交往，要想到他最忌讳的事，如果说话不留意，犯了对方的忌讳，那别人就会说你是存心讥讽嘲笑，对你恨之入骨。《尚书·大禹谟》说："口既能说出美好的言辞，也能引起战争。"《诗经·卫风·淇奥》说："善于说笑逗趣，但不刻薄伤人。"开玩笑尤其要谨慎。

听别人的话要用常理加以衡量和分析，偶尔一听就以此为据，往往会产生错误。

常言俗语，要与圣贤所传相互参照、印证，切记不要疏视和不去明察。

现在的人动不动就说"不成

会时，或可语以自警。切不可语之外人，招尤[招致他人的怪罪]取祸，所关不小。

凡与人遇，宜思其所最忌者，苟轻易出言，中其所忌，彼必谓有心讥讪[shàn。嘲笑，讥笑]，痛恨切骨矣。《书》[《尚书·大禹谟》]云："惟口出好兴戎。"《诗》[《诗经·卫风·淇奥》]云："善戏谑[用诙谐有趣的话开玩笑。谑xuè，开玩笑]兮，不为虐[nüè。刻薄伤人]兮。"戏谑尤所宜慎。

听言当以理观[衡量]，一闻辄以为据，往往多失。

常言俗语，与圣贤传相表里[谓呼应、补充]，慎毋忽不察。

今人动说不成器，不成器，

其可以成人乎？北人骂人不当家，不当家，其何以成家乎？

器"，不成器，怎么可以成人？
北方人骂人说"不当家"，不当家，怎么可以成家？

评析

　　姚舜牧的这段话，旨在教育子孙在为人处世中如何学会蓄养自己的聪明才智，保全自己的哲思。这里蕴含的诸多道理，如"过犹不及""想到别人最忌讳的事""按常理衡量"等，对今天的人际交往、立身处世有着重要的启示。

导读

我性格太直率憨厚，一时气急愤懑，说出来的话，做出来的事，有许多不合适的地方，即使随即感到后悔，已来不及了。这点你们后辈要引以为戒。

我每听到一句良言，无不仔细加以分析，无不将其牢记。曾经在京城遇到一位乐于修持的老人家，偶然见我恼怒生气，慢慢宽解我说："恼怒是要杀人的。"我听到这话，觉得"赞扬"也会杀人，并不只是恼怒。他又曾对我说："天平的上针是上天之心，下针是人心，人心应该要合乎上天之心。"多么好的比喻。他又曾对我说："狮子的乳汁，只有玻璃杯才可以盛，盛在金银器具里也会渗漏掉。"这事虽然没试过见过，然而听了别人的善言，不能诚心去采纳接受，怎么能做

原文

余性太直戆^{gàng。傻，愣}，一时气忿，所发言行，多有过当处，虽旋即追悔，已无及矣。是儿曹所宜深戒者。

余闻一善言，无一不细绎^{yì。整理出头绪}，无一不牢记。向在京遇一好修老人家，偶见余恼发，徐解曰："恼要杀人。"余闻此一语，知好亦杀人，不独恼也。又尝对余言："天平上针是天心，下针是人心，下心须合着上心。"极为善谕^{同"喻"，打比方}。又尝与余言："狮子乳，唯玻璃盏可以盛得^{喻大乘佛法须大乘根器的人才能承受}，金银器亦能渗漏。"此事虽不试见，然闻人善言，不以实心承受，能如玻璃盏乎？

是语亦有禅机佛教禅宗，和尚谈禅说法时，用含有机要秘诀的言辞、动作或事物来暗示佛家教义，使人能触机领悟，故名，不可不牢记者。

到像玻璃杯呢？这话也有禅机在其中，不能不牢记。

评析

这段训言旨在告诫子孙遇事不要急躁，更不要轻易恼怒，否则很可能产生不良后果。

经目之事，犹恐未真，闻人暧昧模糊，不清晰，决不可出诸口。一句虚言，折尽平生之福。此语可深省也。

亲眼见过的事，尚且担心不是真的，听到别人模糊不清的事，绝不能随意说出口。一句虚而不实的话，会折掉你终生的福气。对此话应该深思。

评析

这段话旨在告诫子孙平时说话要注意"准、真、实"，否则会造成恶劣影响。

阿谀奉承、依附他人是可耻的，刚愎自用是令人讨厌的，只有不固执、不阿谀，才合乎中正之道。平常不为人注目，能够在各种潮流和风气汹涌中独立坚守，这才是高洁的操守。

"淡泊"这两个字最好。淡，是性情恬静淡雅；泊，是心境安然娴静。恬淡安闲，没有其他痴忘杂念，心情多么快乐！相反，假如一味追求香浓美艳，趋炎附势，蝇营狗苟，则会因为心力憔悴而一天天变得艰难，哪里比得上淡泊那样每天心里都能得到宁静呢？

阿 谄 ē niǎn，指阿谀奉承。谄，出汗的样子 从人可羞，刚愎自用可恶，不执不阿，是为中道。寻常不见得，能立于波流风靡之中，是为雅操 高尚的操守。

淡泊二字最好。淡，恬淡也；泊，安泊也。恬淡安泊，无他妄念，此心多少快活！反是以求浓艳，趋炎势，蝇营狗苟 比喻为了追名逐利，不择手段，像苍蝇一样钻营，像狗一样无耻 ，心劳而日拙矣，孰与淡泊之能日休也？

评

析　　这段训言告诫子孙立身处世要坚守高洁的操守，淡泊明志，切忌趋炎附势、阿谀奉承。这对当今社会个人道德品质的锤炼具有重要的启迪意义。

人要方得圆得，而方圆中却又有时宜。在《易》《易经·系辞传》论"圆神方知"，益以"易贡"变化以告人二字，最妙。变易以贡，是为方圆之时。棱角峭厉尖利，锋利非方也，和光同尘指不要锋芒，与世无争的消极处世态度。和光，混合各种光彩；同尘，与尘俗相同非圆也，而固执不通非易也，要认得明白。

语云："自成自立，自暴自弃。"又云："自尊自重，自轻自贱。"成立暴弃自我，尊重轻贱自我，慎择而处之。

余少时偶书一联："做人要存心好，读书要见理明。"究竟推求，追究自壮至老，亦只此二句足以自警。

为人处世要既能做到端方又能懂圆通，而在端方和圆通中又要把握好时机。《易经·系辞传》论述"随机应变与坚持原则"时，加上"易贡"二字，最为准确。根据不同的情况变化以昭告吉凶，这就意味着端方和圆通要因时制宜。偏激苛刻并不是端方，随波逐流并不是圆通，固执不通也不是变易之理，要明白这其中的道理。

俗话说："自我成就，确立自己；自己瞧不起自己，甘心堕落。"又说："自我尊重，重视自己；自我轻视，作践自己。"成就与放弃自我，尊重与作践自我，每个人都要慎重选择，而处世立身。

我年轻的时候曾作了这样一副对联："做人要存心好，读书要见理明。"想想自壮年至老年，也只有这两句完全能够用来自我警示。

姚舜牧在这里教育子孙为人处世要懂得圆通、端方，不能随波逐流和一味固执。此外，人应该学会成就和尊重自我。这些道理至今仍有价值。

讲道讲什么，但就"弟子入则孝"_{语出《论语·学而》："弟子入则孝，出则悌。"大意是：为人子弟者，在家要孝敬父母，在外要尊敬兄长}一章，日日体验力行去，便是圣贤之徒了。先儒训_{教诲}道言也，又训道行也，言贵行_{实践}，行方是道，不行，虽讲无益也。

讲道应该讲什么，仅按照《论语·学而》中"弟子入则孝"一章，每天去反思体味，身体力行，就算是圣贤之徒了。先世儒家学者教诲道怎么去说，又教诲道怎么去做，说关键是做，只有做了才是道，不做，即使讲了也没用。

评
析

这段训言重在阐明理论、思想贵在落实和践行，体现了知行合一的理念。

人有喜慶
不可生妒
忌心

人有喜庆
不可生妒
忌心

圣贤教人一生谨慎, 在"非礼勿视"四句 语出《论语·颜渊》: "非礼勿视, 非礼勿听, 非礼勿言, 非礼勿动。" 大意是: 不符合礼的事就不要去看、不要去听、不要去说、不要去做 ; 教人一生保养, 在"戒之在色"三句 语出《论语·季氏》: "少之时, 血气未定, 戒之在色; 及其壮也, 血气方刚, 戒之在斗; 及其老也, 血气既衰, 戒之在得。" 得, 贪得(包括名誉、地位、财货等) ; 教人一生安闲, 在"君子素其位而行" 语出《礼记·中庸》: "君子素其位而行, 不愿乎其外。" 大意是: 君子只安于现在所处的地位, 努力做好应该做的事, 不希望去做本分以外的事 一章; 教人一生受用, 在"居天下之广居" 语出《孟子·滕文公下》: "居天下之广居, 立天下之正位, 行天下之大道。" 大意是: 居位在天下最广大的居所里, 站立在天下最正大的位置上, 走在天下最广阔的道路上 一节。

评析

这里阐述的圣人之道, 对今天人们修身养性仍具有意义。

圣人教人们一生谨慎, 体现在"非礼勿视"等四句话; 教人们一生保养身心, 体现在"戒之在色"等三句话; 教人们一生安然清闲, 体现在"君子素其位而行"一章; 教人们一生受用, 体现在"居天下之广居"这段话。

侍奉自己的父母，是一切事的根本；守护自己的身体，是守持的根本。这两句话极为重要，早晚应当诵念反省。

事亲，事之本也；守身，守之本也。此二语极为吃紧_{重要}，朝夕常宜念省。

评
析

善待亲人和爱惜身体非常重要，应当谨记。

《乡党》《论语·乡党》一篇，总画得夫子一个体貌，至末却云"色_{脸色}斯举矣，翔而后集_{栖止}"，活活画出夫子一个心来。今细玩"举"字、"翔"字、"集"字、"斯"字、"矣"字而"后"字，仕止久速_{可以仕则仕，可以止则止，可以久则久，可以速则速}，分明若在眼前。然此个心窍，吾人皆有之，皆不可不晓。倘临事而不为虑，是鸳鸯于飞_{语出《诗经·小雅·鸳鸯》："鸳鸯于飞，毕之罗之。"大意是：鸳鸯双飞遇到罗网。于飞，比翼而飞}，不虑罟_{gǔ。渔网}罗之及也。未事而不为防，是鸳鸯在梁_{语出《诗经·小雅·鸳鸯》："鸳鸯在梁，戢其左翼。"大意是：鸳鸯双栖在鱼梁，喙儿插在左翅膀}，不戢_{jí。收敛}其左翼也。于止不知所止，是黄鸟不止于丘隅_{语出《诗经·小雅·绵蛮》："绵蛮黄鸟，止于丘隅。"大意是：鸣叫的黄鸟，栖息在山丘上}也。可以人而不如鸟乎？

《论语·乡党》一篇，总体上把孔夫子的体貌特征刻画出来了，到末句却说"孔子看到野鸡自由飞翔，神色动了一下，野鸡盘旋一阵后停在树上。"活生生将孔夫子的内心勾画了出来。现在仔细体味"举"字、"翔"字、"集"字、"斯"字、"矣"字和"后"字，就会觉得做官不做官，做得久做不久，分明就像在眼前了。然而这样的心思，我们每个人都有，都不能不明白。倘若遇事不考虑准备，那就像鸳鸯并飞，不去想将要遇到的罗网；事情没发生就不加防范，就像鸳鸯停在鱼梁上，不知收敛自己左边的翅膀；该停止的时候不知停止，就像黄鸟遇到丘陵而不休憩一样。怎么人还不如鸟呢？《周易·系

辞下》说："君子要抓住时机行事，不等到完结那一天。"又说："君子要想到可能发生的祸害，预先做出防范。"

人稍有进步就会欢喜高兴，何况是反躬内省，觉得自己是真诚的，得到了做人的道理呢? 人稍有过失也会忧心忡忡，何况是放弃义的大道，失去仁的本心，丢掉做人的根本呢?《孟子·尽心上》一篇，说"没有比这更大的快乐"，同时又说"是最大的悲哀"，很值得警惕。

《易》《周易·系辞下》曰："君子见机而作行动，不俟终日。"又曰："君子以思患而豫防之。"

夫人少稍微有得焉亦喜，况反身指反过来要求自己，自我检束，内省而诚，得其所以为我? 少有失焉亦忧，况舍其路，放其心，失其所以为人?《孟子》一篇《孟子》，战国时期孟子的言论汇编。由孟子及其弟子编撰。儒家经典著作。此指《孟子·尽心上》，说个"乐莫大焉"，一边说个"哀哉"，大可警惕。

常念"读圣贤书，所学何事"
二语，决不堕落于不肖^{品行不好，没出息}。

时常记住"饱读圣贤书，学
到了什么"这两句话，就绝不会
堕落为不肖子弟。

评
析

这句话是在强调读圣贤书
对人立身处世的重要意义。

天未尝轻人性命，人往往
自轻贱之，甚可惜。

上天并没有轻视每一个人的
性命，人们往往自我作践，太可
惜了。

评
析

这句训言旨在强调人生的
很多遭遇都是自己造成的，而非
外部力量。

人思夺<u>造化</u>_{大自然}，造化将反夺我，此间要知分晓。

人要想着胜过大自然，大自然反而胜过人类，这其中的道理要明白。

评
析

人要爱护自然，如果强取豪夺，定会遭到自然报复。这段训言表达了生态伦理思想。

坡_{指苏轼}诗_{指《蜗牛》诗}云："蜗涎不满壳，聊足以自濡_{湿润}。升高不知疲，粘作壁上枯。"可为知进不知退者警。

苏东坡《蜗牛》诗说："蜗涎不满壳，聊足以为濡。升高不知疲，粘作壁上枯。"这首诗可以作为懂得进取而不懂得后退者的警句。

评
析

这段训言旨在告诉子孙要懂得人生进退之理，勿汲汲于功名利禄。

原
文

父母生我，自取一乳名起，至百凡事务，无不祝愿到好处。我乃不自保惜，萌一邪念，行一非义，至不齿于人类，不亦可自愧死哉！人有常念及此，自不敢为不肖之子矣。

评
析

这段话语旨在告诫子孙不能有邪念，不可以做不义之事。

导
读

父母生我之后，从取了乳名算起，到后来各种事情，无不都包含着良好的祝愿。而我却不知保护珍惜，萌生一个邪念，做一件不义之事，以至于不齿于人，不也应该自己愧疚死啊！人如果经常念及这些，自然就不敢做一个不肖子孙了。

《中华十大家训》 药言 卷三

"欲"字由"谷"和"欠"组成，溪谷常常是空的，怎么能够把它填满，只有一个"理"字可以将其填满。孟子说："修养身心最好的办法莫过于清心寡欲。"欲望多少与否，关系到一个人能否生存下去，人们为何不用理来自我克制，而要自陷于危亡呢？

《中庸》说："人人都认为自己是明智的，但被赶进罗网或陷阱之中却都不知道躲避。"罗网陷阱，谁不知道它的危险，谁会任凭驱赶而掉进去？是利益和欲望。利益和欲望在前面，分明就像个大坑陷阱，可人人都争着往里面跳，真让人痛心！陆游《秋思》诗说："利欲驱人万火牛。"这话最能提醒人。

欲字从"谷"从"欠"，溪谷常是欠缺，如何可填得满？只有一"理"字可以塞绝_{填满}得。孟子云："养心莫善于寡欲。"欲寡与否，存不存系焉。人曷不以理自制，以自陷于亡？

《中庸》云："人皆曰予知，驱而纳诸罟擭_{huò。兽笼}陷阱之中，而莫之知辟_{通"避"}也。"罟擭陷阱，谁不知险，谁任其驱而纳诸_{之乎}？曰利欲也。利欲在前，分明有个大坑阱在，人自争趋争陷焉，可痛已！古诗_{指陆游《秋思》诗}云："利欲驱人万火牛。"此语极为提醒。

评

析

　　姚舜牧在这里教育子孙要学会以理性约束自己的欲望，不要过分追求利益和膨胀欲望。这对人们修身养性具有重要的启示。

凡人须先立志，志不先立，一生通_{全，}都是虚浮，如何可以任得事？"老当益壮，贫且益坚"，是立志之说也。

凡人需要先确立志向，志向不先树立起来，一生都会虚度轻浮，又怎么能够担得起大事呢？"年纪虽老而志气更加旺盛，生活贫困却意志更加坚定"，讲的就是立志的道理。

评
析

这段训言旨在告诫子孙要确立志向，坚定意志。

盘根错节_{树木的根干枝节盘屈交错。形容事情或关系等相互交织，纷繁复杂}可以验我之才；**波流**_{潮流}**风靡**_{风行}，可以验我之操_{操守}；艰难险阻，可以验我之思；**震撼折冲**_{使敌人战车后退，即克敌制胜。冲，古代的一种战车}，可以验我之力；含垢_{gòu。耻辱}忍辱，可以验我之量。

错综复杂、繁难无绪的事情，可以考验我的才能；随波逐流、闻风便从的世风，可以考验我的操守；艰难险阻的境地，可以考验我的思想；保卫国土、抵御外敌的大事，可以考验我的勇武；蒙受耻辱的事，可以考验我的气量和胸怀。

评
析

这段训言旨在说明人的才能、操守、思维能力、勇气、度量能在现实生活中得到考验。

导读

人如果经得起艰苦贫困的生活，那就任何事都能做到；娇生惯养太过分的人，虽然好看却做不了事。

学习好比是人心中有太阳，可以使人心里亮堂。如果不勤奋学习，那么即使爱好仁德，爱好智慧，爱好诚信，爱好正直，爱好勇敢，爱好刚强，也都存在缺憾，更何况有其他追求呢？要做到老，学到老，心中自然会光明正大，远远超过别人。

原文

人常咬得菜根（喻经得起艰苦贫困的生活），即百事可做；骄养太过的，好看不中用。

评析　这句话强调对孩子不能娇生惯养。这对当今社会家庭教育很有意义。

学者，心之白日也。不知好学，即好仁好知，好信好直，好勇好刚，亦皆有蔽也，况于他好乎？做到老，学到老，此心自光明正大，过人远矣。

评析　这段话语表达了学习对人生的重要意义。认为热爱学习、不断学习的人，必然会成为正大光明的人。

274
○
275

但读圣贤之书，是真正士子；但守祖宗之训，是真正儿子；但奉朝廷之法，是真正臣子。不则为邪为僻，即有所著见，不可谓真正人品也。

一心只读圣贤之书的人，是真正的读书人；一心谨守祖宗遗训的人，是真正的好子孙；一心遵奉朝廷法纪的人，是真正的臣民。如果不这样，就会去做奸邪之事，即使有所见识，也不能算是真正的好人品。

评析

这段话语旨在告诫后世子孙要爱学习、遵祖制、守法纪，否则就不是正派之人。但这里难免带有不管对或错，都要"绝对忠守"的意思，凸显了封建"愚忠、愚孝"等迂腐思想。

要与世间撑持<u>支撑坚持</u>事业，须先立定脚跟始得。

要在天地间支撑保持一番事业，必须先要站稳脚跟，脚踏实地才可以。

评析

这句话旨在告诫子孙办事要脚踏实地。

事情来到面前，一定要先判断其是正确还是错误，然后要权衡其利害关系。知道正确错误就不肯胡作非为，明白利害关系就不敢胡作非为，这样做事就不会没有收获了。我常暗自责怪那些不能明白这个道理而使自己陷入危险败亡的人。

事到面前，须先论个是非，随论个利害。知是非则不屑妄为，知利害则不敢妄为，行无不得矣。窃 指自己。谦辞 怪不审 明白 此而自陷于危亡者。

评
析

这段话告诫子孙做事之前要判断是非、权衡利害，否则就很难成功。这个道理任何时候都适用。

论不善处_{对待}富贵者，不说别的，特说一个"淫"字。骄奢淫佚，所自邪也，而淫为甚。凡人到此，自误平生，深念之慎之。

客气_{虚伪，不真诚}甚害事，要在有主。主者何？忠信是已。

祖父千辛万苦，做成一个家，子孙风花雪月，一时去荡坏了，真可痛惜！真可痛惜！

谈起那些不善于对待富贵的人，别的不说，只说一个"淫"字。骄奢淫逸，都是出自邪念，而淫邪最为严重。人到了这个地步，将会自误终身，特别要记住并要慎重对待。

虚假对待事情很有害，关键要有主心骨。主心骨是什么呢？那就是忠实诚信。

祖辈父辈千辛万苦创立了家业，子孙却在男欢女爱中将其荡尽败坏，真让人痛惜啊！真让人痛惜啊！

评析

姚舜牧在这里主要告诫子孙不要骄奢淫逸，否则会败坏祖宗留下的家业。与此同时，他还强调与人交往重在忠诚守信。这些都是治家和处世之道。

明明有一个安居乐业的地方，不愿意去住，却要住在危险的地方；明明有一条正道，不愿意去走，却要走向邪恶之路。这真是自暴自弃。

现在的人使用千般心计摆布别人，费尽了心思，但又哪里曾害了别人，只不过是自己坏了心术，损伤了自己的元气。

纵观圣贤遗留下来的千言万语，无非是教人做一个好人。而人却不信服不听从，自己愿走邪恶之路，真让人感到悲哀！

我平生从不肯说谎，却也避免了许多思前顾后的圆说。

人都说做好人难，要我说最容易。不做坏人，就是好人。

分明一个安居在，不肯去住，却处于危；分明一条正路在，不肯去行，却向于邪。真自暴自弃。

今人计较用尽心计摆布人，费尽心思，却何曾害得人，只是自坏了心术，自损了元气。

看圣贤千言万语，无非教人做个好人。人却不信不由听命，照着办，自归邪僻，真是可悼悲哀！

余平生不肯说谎，却免许多照前顾后。

人谓做好人难，余谓极易。不做不好人，便是好人。

评
析

姚舜牧在这里告诫子孙不能有邪念，要做一个诚实、光明正大的人。

决不可存苟且^{马虎随便，得过且过}心，决不可做偷薄^{浮薄，不敦厚}事，决不可学轻狂态，决不可做惫赖^{泼辣，无赖。惫bèi。}人。

决不能怀有马虎的心思，绝不能做轻率浮薄的事情，绝不能效仿轻佻狂妄的神态，绝不能做一个顽劣无赖的人。

评
析

这句训言旨在强调做事不能心存侥幸、轻率浮薄、轻佻狂妄和顽劣无赖。

当至忙促时，要越加检点；当至急迫时，要越加饬^{chì。谨慎}守；当至快意时，要越加谨慎。

在忙碌紧促的时候，越要注意检点自己的言行；在焦急紧迫的时候，越要注意沉着守持；在最春风得意的时候，越要注意谨慎行事。

评
析

这句训言旨在告诫子孙在任何时候都不要失礼、失序、得意忘形。

人有祸患
不可生喜
幸心

人有祸患
不可生喜
幸心

在上的可忘分，在下的不
可不知分；在下的应守法，在
上的不可不知法。

　　这句话主要强调身处上位
和下位的人虽然尊卑有别，但都
应该守法守分。

　　身处上位的可以忘掉自己的
身份、地位，但身处下位的不能
不知道自己的身份、地位；身处
下位的应当遵守法度，身处上位
的不能不懂得法度。

人偶得一好梦，数日喜欢，
否则心殊甚，很不快，然此直只，仅仅
梦耳。余追思全州、新兴事亦
梦也，可快与否，则自知之。
今正在广昌梦中，切莫改全州、
新兴所为，使日后追思不快也。

　　这段话告诫子孙要活在当
下，关注当下，做好当下事。

　　人突然做了个好梦，好几天
都很高兴，否则心里会很不畅快，
然而这仅仅是个梦而已。我追忆
在全州、新兴时候的事，也感觉
像梦一样，但是否快乐，只有自
己知道了。如今身在广昌梦境中，
但绝不能更改当初在全州、新兴
时候的所作所为，免得在以后追
思起来感到不愉快。

门第不能使一个人变得尊贵，只有人能使门第变得尊贵。依仗门第傲视他人的人，只是自取其辱，千万要以此为戒。

门第不能重_{使尊贵}人，惟人能重门第。恃门第骄人者，徒自取辱，切以为戒。

评
析

姚舜牧在这里告诫子孙处世不要依靠门第。在重视"门当户对"的封建社会，这种想法难能可贵。

顾名思义，自能成立。不学做好百姓，便是异_{反常的，叛逆的}百姓；不学做好秀才，便是劣_{恶，坏}秀才。推此以上，其名其义，皆不可不反顾，不可不深思也。总其要，在循礼守法而已。

世间极占地位的，是读书一著。然读书占地位，在人品上，不在势位上。

吾人第一要思做个好百姓；有资质，能学问，可便做个好秀才；又有造化_{福分，好运气}，能进取，可便做个好官。然总做到为卿为相，却还要思是个秀才，是个百姓，乃传之于后。乡先生_{尊称辞官居乡或在乡教学的老人}殁而不可祭于

看见名字便想到含义，自然能够成立。不去学着做好百姓，那便是坏百姓；不去学着做好秀才，那便是坏秀才。以此类推，名称和其中的含义，都不可不反观，不可不深思。总的来说，在于遵循礼制、恪守法纪而已。

世上占有极高地位的，就是读书这一件事。不过读书所占的地位，是指在人品方面，而不是指权势官位。

我们首先要想着做个好百姓；有资质禀赋，能做学问的，就可以做个好秀才；又有运气，能求进取，那就可以做个好官。然而就是做到公卿、做到宰相，还是要想着自己是个秀才，是个百姓，才能流芳百世。乡先生去世后而不让在社中祭祀，成得了什么事！

安守本分，交完钱粮，不要县官来督促催责的，就是好百姓；专心读书不问外事，不需要老师监督责问的，就是好秀才；不贪婪，不严酷，不需要监司来督导责问的，就是好官。

社，成得甚事。守本分，完钱粮，不要县官督责的，是好百姓；读书不管外事，不要学道督责的，是好秀才；不贪不酷，不要监司督责的，是好官。

监司 官名。监察地方属吏的官员

评析

姚舜牧在这里告诫子孙如何做一个好百姓、好秀才、好官。在他看来，安守本分就是好百姓，自觉读书识字就是好秀才，清正仁爱就是好官。与此同时，他还强调为官者要时刻想着自己还是个秀才和百姓，以激励自己做个遵礼守法、热爱读书的好官。但我们从这里也可以看到，姚舜牧在这里表达出了对封建体制的绝对拥护。

凡人要学好，不必他求。孝顺父母，尊敬长上，和睦乡里，教训子孙各安生理，毋作非为。有太祖_{明太祖朱元璋}圣谕_{皇帝训诫臣下的诏令或语言}在。

人要学好，不必追求其他的东西。孝顺父母，尊敬长辈上级，和乡邻和睦相处，教育训导子孙各自安于自己的生活，不要胡作非为。有太祖圣谕在这里。

姚舜牧在这里希望后人要学习好的东西，并亮出明太祖家训，旨在告诫后世子孙要孝敬父母和其他长辈，和待乡邻，教化子孙安守本分，不要胡作非为。这些训言对当今社会的家庭教育有着极其重要的启迪意义。

乖僻自是
悔誤必多

乖僻自是
悔误必多

圣贤与人同善，每成劝惩（劝善诫恶）之书，卷帙（篇幅。帙，zhì）浩繁者翻阅难周（完备），义蕴精深者颛蒙（愚昧。颛zhuān）莫达。兹承菴姚先生之《药言》，本经书之语，立济世之方，虽仅百有余条，而简洁明快、切中膏肓（gāo huāng。比喻事物的要害或关键）。始刻于万历丙午（1606年），原为家训。历十五载至庚申（1620年），仲善李君（李仲善，名元春）爱赏此书，重为刊刻，王未凝先生为之序，始广布人间。然迄今百有余年，而是书之存于天壤者盖寥寥矣。忆戊申岁，余于坊间得之，朝夕玩味，觉其语语折衷（取正）于圣贤，而日用伦行（伦常和行为规范）不出其范围。因念良方妙剂，当为普济。奈数载奔驰南北，事务鞻轕（jiāo gé。交错杂乱的样子），未获如愿。窃恐古人寿世之心，积渐久远，湮没而弗传，遂使人心之沉疴（久治不愈的病。喻人心之积弊。疴，kē，病），终无起色。爰于是付剞劂（jī jué。雕刻用的曲刀和曲凿。此指刻印），用公同好。倘能时时寻绎（反复探索、推求），对证（通"症"）取方，庶几"天君（旧时认为心是思维器官，称心为天君）泰然，而百体（人体的各个部分）从令"，岂不为天地间之完人乎？

时雍正十年岁次壬子七夕秣陵唐士杰思虞氏谨跋。

圣贤希望人们共同向善，时常写出含有劝善诫恶的著作。这类书籍篇幅浩繁，翻阅起来很难，且内容含蓄、精微深奥，一般的人又难以通晓。而姚承菴先生的这篇《药言》，依据经书的语言，开济世之方，虽然只有一百多条，但简洁明快、切中要害。该书最早刻于万历丙午年，原本只是家训。历经十五年后到了庚申年，为李仲善君所喜爱赞赏，并重新刊刻，且有王未凝先生为它作序，才开始广为流传。可是至今有一百多年了，这书现保存下来的极少。还记得戊申年，我在民间得到它，朝夕诵读，细心体会，觉得它句句都以圣贤的话作为判断衡量事物的准则，并且日用伦常规范，都超不出它的范围。考虑到它作为济世的良方妙剂，应当被普遍推广。无奈我奔走南北多年，事务烦冗，最终未能如愿。我担心古人造福世人的善心，会随着时间的积累日渐久远，湮没于世而无法流传，导致人心痼疾最终不见好转。于是交付刊印，供那些志趣相投的人一起欣赏。如果能时常探索推敲，对症下药，或许就能达到"内心安定从容，身体康泰自然"的境界，这样岂不就是天地间的完人吗？

雍正十年壬子七夕秣陵唐士杰思虞氏谨跋。

后记

先十世祖承菴府君，以府学廪膳生[简称廪生，由公家给予膳食的学生]中明万历癸酉科本省乡试第六十七名举人。历知广东新兴、江西广昌县事，权[暂时代理]全州知州。为世理学大儒，著有《四书五经疑问》《史纲要领》《性理指归》《孝史警世》等书行世，学者称"承菴先生"。右《药言》一卷，盖在广昌时所著，刻于万历丙午。越十五年庚申，新安李元春仲善[后两字是字，前两字是名。古人习惯将姓与名、字连写]重为刊刻。又一百二十四年，秣陵唐士杰思虞复取李氏本重刻之，今并不存。道光庚戌，先大人督江西漕[通过水道运输粮食]输京师，于白下[南京的别称]购得唐氏本，将重刊以传后，事未举而弃诸孤。觐元谨志之不敢忘，今二十又四年矣。同治癸酉在川东检校先世著述，乃举以付手民[指雕版工人]。原书仍李氏之书，首行题曰"姚承菴先生药言"，次行列李君名字，节去首行前五字，而于次行列府君讳，移李君名字于篇末。例当如是也。原书页前后各九行，行十八字，通三十页，今刊入丛书，页前后各十三行，行二十二字，通十七页。欲公诸世，便省觉[省思觉悟]也。原书虽校未精，今于其知者正之，疑者阙

　　我的第十世先祖承菴府君，以府学廪膳生的身份，在明朝万历癸酉年科举考试本省乡试中，考中第六十七名举人。此后，承菴府君历任广东肇庆府新兴县、江西建昌府广昌县两县知县，代理广西全州知州。他也是当时的理学大儒，著有《四书五经疑问》《史纲要领》《性理指归》《孝史警世》等书，流行于世，所以学者们称他为"承菴先生"。前面的《药言》一卷，就是他在广昌当知县时撰写，万历丙午年刊刻的。到十五年后的庚申年，新安的李元春仲善将《药言》重新刊刻。再过了一百二十四年，秣陵唐士杰思虞又拿了李氏本进行重刻，这个版本如今都不存在了。道光庚戌年，先父大人督运江西漕粮到京师时，在白下购得唐氏本，打算重新刊刻以传给后人，但这件事没有做他老人家就去世了。觐元牢记于心不敢忘却，到如今已经又过了二十四年了。同治十二年，我在川东将先父著述校对后，才把它拿来交给雕版排字工人。原书依然是李氏的版本，首行标题写的是"姚承菴先生药言"，第二行列的是李君的名字，现在的章节去掉了首行的前五个字，并且将府君的名讳列在第二行，将李君的名字移到了篇末。顺序应该就是这样。原书每页前后各九行，每行十八个字，总共三十页，现在收录到丛书中的版本，每页前后各是十三行，每行二十二个字，总共是十七页。我想要将它公之于世，以便读者明白。原书虽然经过校对，但是并不精细，如今

que。古同"缺"。
空着，不补不改之，示慎也。又原书阙第二十八页，当今十七页人偶条下、门第条上，以无他本不得补，仍首尾衔写，并识之，以俟_{sì。等待}后之得全书者补完焉。是岁冬十有一月朔_{每月农历初一}十世孙觐元谨识_{郑重记叙}。

让了解的人改正它（存在的问题），有疑问的人指出问题所在，这是为了慎重起见。另外，原书缺第二十八页，即现在的第十七页"人偶"条下、"门第"条上，因为没有其他版本可参照补充，于是就根据前后内容增补衔接，并标识出来，以待以后得到全书的人将它补充完整。冬十一月初一第十世子孙姚觐元谨记。

历代名家点评

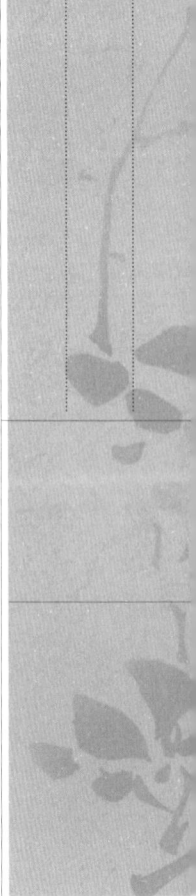

姚氏之言，甘，其参苓也；苦，其芩蘗也；猛力涤荡，其磺硫乌附也。倘因病而药之，病者不病，不病者又奚病乎？予谓此言心言也，此药心药也，天下用之而犹病心者寡矣。

——〔明〕王三德《姚氏〈药言〉题词》

姚氏者，其圣门之国手，治世之大医王也哉！

——〔明〕王三德《姚氏〈药言〉题词》

其语折衷于圣贤，而日用伦行不出其范围，因念良方妙剂，当为普济。

——〔清〕唐世杰《药言》跋

明宗经训

藝海珠塵

聰訓齋語一

子部儒家類

南滙 吳 省蘭 泉之 輯
嘉興 錢 儀吉 藹人 校

張 英纂英字敦復號夢復安徽桐城人康熙丁
未進士選庶吉士歷官文華殿大學士
贈太傅諡文端入祀
賢良祠有篤素堂集

圍翁曰聖賢領要之語曰人心惟危道心惟微危者
欲之心如隄之束水其潰甚易一潰則不可復收也微
者理義之心如帷之映鐙若隱若現見之難而晦之易
也人心至靈至動不可過勞亦不可過逸惟讀書可以

〔清〕—— 张英

张英（一六三七—一七〇八），字敦复，号乐圃，谥号文端。江南桐城（今属安徽省）人。清康熙进士。康熙十六年迁侍讲学士，入直南书房。后官至文华殿大学士兼礼部尚书。曾任《大清一统志》《渊鉴类函》《政治典训》《平定朔漠方略》等史籍、类书的编纂总裁官。著有《笃素堂文集》。

张英一生历经宦海沉浮，阅尽人世沧桑，深知严格的家庭教育对于世家子弟成长的重要性。因之著《恒产琐言》《聪训斋语》两部家训，以务本力田、随分知足以及如何善治恒产与为人处世，谆谆告诫其子弟。张英的为官处世、修身立言对其子孙的成长起到了很好的教育作用，他的六个儿子中有四人考取进士（张廷瓒、张廷玉、张廷璐、张廷瑑），身居高位。更出现了张廷玉这样历经康、雍、乾三朝的朝廷重臣。而孙子、曾孙辈中亦有多人考中进士，担任朝廷要职。

《聪训斋语》分上、下两卷，共五十余篇，内容涉及立品、读书、养身、择友几个方面。上卷为康熙三十六年张英在京为官期间对长子张廷瓒的训教，下卷则是作者辞官归隐后写给诸子的训诫之词。书中，张氏以其丰富的生活阅历与智慧的处世哲学，围绕立身处世之道与待人接物之方，娓娓道出他对子孙深切的关怀、叮咛和告诫。例如，持家务必节约用度，与家人和睦相处；个人立身，宜庄重自持，言语谨慎；与人相处，应宽大为怀，多予容让；多投注心力于读书学问之上，以增进内圣外王工夫；作息规律，饮食清淡以养身；寄情花木、托意山水以怡情。

《聪训斋语》文字精美，意趣超拔，引人入胜，耐人寻味。在立品、读书、养身、交友、持家各方面的精言粹语，俯拾皆是，堪称中国家训史上的名篇。曾国藩在书信中曾屡屡提及《聪训斋语》，认为其"句句皆吾肺腑所欲言"，并说"申夫新刻之《聪训斋语》，与吴漕帅所刻之《庭训格言》，不特可以进德，可以居业，并可以惜福，可以养身却病"。还说"颜黄门《颜氏家训》作于乱离之世，张文端《聪训斋语》作于承平之世，所以教家者极精。尔兄弟各觅一册，常常阅习，则日进矣"。现今流传的《聪训斋语》各个版本，在卷数及文字上均有一些差异。收录于四库全书《文端集》、光绪二十三年（1897年）桐城张氏重刻的《笃素堂文集》及《丛书集成初编》本皆为两卷本。本文即采用《丛书集成初编》本。

中国人自古以来极为重视家庭教育。《论语·季氏篇》就记载，孔子关怀儿子伯鱼的学习生活，告诫他要勤于学诗学礼，因为"不学诗，无以言；不学礼，无以立"，这段父以教子的过程，成为著名的"趋庭之教"，影响极为深远。两汉时期，学者文士也常以诗文或家书表达训诫子孙的心意，如西汉东方朔有《诫子书》，东汉马援有《戒兄子严敦书》等。张英的《聪训斋语》，结合历史经验和自己的人生经历，引经据典，或剖析事理，或指陈利害，用自己日常生活中的所见、所闻、所思、所想来透析深刻的人生哲理，表达了殷殷的父爱和细腻的叮咛。《聪训斋语》不仅是张氏一家的治家宝典，也是普天下父母良好的家教资源。

毋庸讳言，由于时代背景和客观环境的变迁，《聪训斋语》中的一些观点在今天看来可能不尽正确。但是，从家庭教育的角度来看，从自古以来国人"修身、齐家、治国、平天下"的人生抱负来看，其中的大多数观点、看法都是值得今人认真思考借鉴的。对此，我们应当详加分析，取其精华，去其糟粕，力求古为今用，在更大程度上发挥其有益于优良家风的形成、有益于人才成长、有益于社会和谐进步的积极作用。

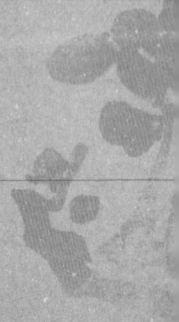

（上卷）

圃翁 即作者自号 曰：圣贤领要 犹要领。喻关键或重要 之语曰："人心惟危，道心惟微。" 语出《书经·大禹谟》："人心惟危，道心惟微；惟精惟一，允执厥中。"大意是：情欲之心易私而难公，故益加危殆；义理之心易昧而难明，故常隐微不显。唯有专一精诚，实实在在秉持中道而行。惟，乃 危者，嗜欲 嗜好和欲望。嗜shì，爱好，特别喜欢 之心。如堤之束 控制，限制 水，其溃甚易，一溃则不可复收也。微者，理义之心。如帷 围在四周的帐幕 之暎 古同"映" 镫 古同"灯"，若隐若现，见之难而晦 隐晦不明 之易也。人心至灵至动，不可过劳，亦不可过逸，惟读书可以养之。每见堪舆家 古时为占候卜筮者之一种。后专称以相地看风水为职业者，俗称风水先生，平日用磁石养针，书卷乃养心第一妙物。闲适无事之人，镇日 从早到晚，整天 不观书，则起居出入，身心无所栖

圃翁说：古代圣哲贤人至为重要的一句话，说"人心是危险的，天理是精微的"。所谓危险，是指贪图欲望的心理。就像堤坝拦截洪水，崩溃是极其容易的，而一旦崩溃，就再也不会收复回来了。所谓精微，是指义理理智的心理。就像帷幔掩映下的灯火，若隐若现，很难清楚地看见而常常隐晦难觅。人心是最为机灵也最易浮动的，不可以过度地使用，也不可以过度地安逸，只有读书才可以颐养身心。我每每见到察看风水的先生，平日里一般都是用磁铁来养护罗盘针的指针，书则是养育心灵最好不过的妙物了。清闲安逸无所事事的人，整日里不读书，起居出入时就会感到身心好像无处着落一样。耳朵眼睛

没有特定的关注对象，势必造成心神不宁、胡思乱想，从而动怒生气。身处逆境时感到不快乐，身处顺境时也郁郁寡欢。每当看到那种忙碌不安、心神不宁、手脚无措的，肯定就是那种不读书的人了。

古人曾说："扫地焚香，清福已尽在其中。那些有福分的人，就会用读书来消遣清福；而那些没有福分的人，就会凭空生出许多妄想来。"这句话说得多好！我是非常欣赏的。况且，自古以来所有不如意的事情，从不读书的人的角度看，好像唯独被我遇到，所以极难忍受。岂不知古人所遇到的不如意事情，有的比这还要超出百倍，只不过是没有细心观察体验罢了。即便像苏东坡先生那样的人，也是在其逝后恰

泊[停留，停泊。此处意指"寄托"]。耳目无所安顿，势必心意颠倒，妄想生嗔[怒，生气]，处逆境不乐，处顺境亦不乐。每见人栖栖皇皇[匆忙不安的样子。栖栖，形容不安定；皇皇，也作"遑遑""惶惶"，形容忙碌不安]，觉举动无不碍者，此必不读书之人也。

古人有言："扫地焚香，清福已具。其有福者，佐以读书；其无福者，便生他想。"旨[美，美好]哉斯言！予所深赏。且从来拂意[不如意]之事，自不读书者见之，似为我所独遭，极其难堪。不知古人拂意之事，有百倍于此者，特不细心体验耳。即如东坡[苏轼。字子瞻，别号东坡居士。北宋文学家]先生殁[亦作"没"，死]后，遭逢高、孝[指南宋的宋高宗赵构、宋孝宗赵昚。昚shèn]，文字

始出，名震千古。而当时之忧谗畏讥，困顿转徙潮、惠（今广东省的潮州、惠州）之间，苏过（苏轼第三子。苏轼辗转仕途，屡遭挫折，唯苏过陪侍左右）跣（xiǎn。光着脚，不穿鞋袜）足涉水，居近牛栏，是何如境界？又如白香山（白居易。字乐天，号香山居士。唐朝诗人）之无嗣（没有后代子孙。白居易五十八岁得子名崔儿，出生未满三岁不幸夭折），陆放翁（陆游。字务观，号放翁。南宋文学家）之忍饥，皆载在书卷。彼独非千载闻人？而所遇皆如此！诚一平心静观，则人间拂意之事，可以涣然冰释（形容疑问、误会、隔阂等完全消除。涣然，流散的样子；释，消散，像冰遇热消融一般）。若不读书，则但见我所遭甚苦，而无穷怨尤嗔忿之心，烧灼不宁，其苦为何如耶？且富盛之事（指富贵荣华的功业），古人亦有之，炙手可热（手摸上去感到热得烫人。比喻有权有势者气焰很盛。炙 zhì，烤），转眼皆空。故读书可

逢宋高宗、宋孝宗时代，其生前所写的文章才得以发表公布，从而名垂千古的。然而东坡先生生前时刻担忧被谗言中伤，饥寒交迫、困苦潦倒地辗转游移于潮州、惠州之间，其子苏过光着脚丫背其过河，居住在牛栏附近，那又是怎样的情境呢？又比如白居易无儿无后，陆游忍饥挨饿，这在书卷中都有记载。这些人难道不都是千载有名的人物吗？然而都经历过如此遭遇！若能心平气和冷静观察，那么，人世间不如意的事情就会像冰块一样完全融化消除了。假若不读书，那么就只能看到自己的遭遇是那样苦不堪言，从而使充满无穷无尽怨恨愤怒的心，烧灼不安，永不平静，这是怎样的苦啊！况且富贵荣华的事情，古人也是有的，虽炙手可热，但转瞬间便会一无所有。

因此，读书可以增长对天道义理的认识，这是修养身心最好的方式了。背书写文章，用于争长短胜负、应对世事，往往很辛苦。如果只是泛泛浏览，那何至于这样劳心费神？但要于闲暇之中冷静看透古人议论行事的关键。我读白居易和陆游的诗歌时，都对其年月日详加注释，知道他们是哪一年引退辞官的，他们兴衰起伏的人生轨迹便一目了然，这样就不会懵懵懂懂的了。

以增长道心（佛教用语。指悟道之心），为颐养（保护调养）第一事也。记诵纂集（编写），期以争长应世（争长论短，应付世事），则多苦。若涉览（随意浏览，泛读），则何至劳心疲神？但当冷眼于闲中窥破古人筋节处（关键所在）耳。予于白（白居易）、陆（陆游）诗，皆细注其年月，知彼于何年引退（辞官，辞职），其衰健（由强健转为衰老）之迹皆可指，斯不梦梦（昏乱不明）耳。

圃翁曰：圣贤仙佛，皆无不乐之理。彼世之终身忧戚 忧愁烦恼，忽忽 失意的样子 不乐者，决然无道气 超凡脱俗的气质、无意趣 有意味情趣 之人。孔子 名丘，字仲尼。春秋时期思想家、教育家 曰"乐在其中" 语出《论语·述而》："饭疏食饮水，曲肱而枕之，乐亦在其中矣。不义而富且贵，于我如浮云。" ；颜子 颜回。字子渊，尊称颜子。孔子学生 不改其乐 语出《论语·雍也》："贤哉回也！一箪食，一瓢饮，在陋巷，人不堪其忧，回也不改其乐。" ；孟子以不愧不怍为乐 语出《孟子·尽心上》："君子有三乐，而王天下不与存焉。父母俱存，兄弟无故，一乐也；仰不愧于天，俯不怍于人，二乐也；得天下英才而教育之，三乐也。"不愧不怍是指做事光明磊落，问心无愧。怍 zuò，惭愧 ；《论语》 春秋时期孔子的言论汇编。集中体现了孔子的政治主张、伦理思想、道德观念和教育原则。由孔子弟子及其再传弟子编撰。儒家经典著作 开首说说乐 语出《论语·学而》："学而时习之，不亦说乎？有朋自远方来，不亦乐乎？人不知而不愠，不亦君子乎？" ；《中庸》言无入而不自得 语出《中庸》："君子素其位而行，不愿乎其外。素富贵，行乎富贵；素贫贱，行乎贫贱；素夷狄，行乎夷狄；素患难，行乎患难。君子无入而不自得焉。"言君子恪守本分，无论处在什么环境，都能悠然自得；

圃翁说：圣人贤哲、仙人高僧，都没有不快乐的道理。在那个时代，如果有人一生都郁郁寡欢、闷闷不乐，那一定不是超凡脱俗、富有意趣之人。孔子说"其中自有乐趣"；颜回生活清苦困顿，也自得其乐；孟子认为做事光明磊落、问心无愧就是乐趣；《论语》开篇首句说的便是愉悦；《中庸》说君子在其所居之位恪守本分，悠然体会到其中的乐趣；宋朝的程颢、程颐和朱熹教人遵循孔子、颜回的乐处，都是这种用意。如果是平庸之人，就会有过多的要求，过多的欲望，不遵循天理，不安于命运。有过多的诉求而得不到就会痛苦，有太多的欲望而满足不了就会痛苦，不遵循天理行动就会受碍也会痛苦，不安于命运心中有过多的抱怨也会痛苦。因此，谨小慎微，唯唯诺诺，缩手缩脚，对危险心存侥幸，就像穿着破棉袄穿行在荆棘丛中一样，怎能体会到走在康庄大道上的那种快乐呢? 只有古代的圣人贤哲、仙人高僧，才不会有世俗平庸之人的多求、多欲、不循理、不安命等毛病，因此他们会笑口常开、永远快乐。白居易字"乐天"，我心中对这两个字暗自仰慕，所以也给自己取号为乐圃。古代圣人贤哲、仙人高僧们所拥有的乐趣，

程朱^{宋代理学家程颢、程颐兄弟和宋代理学家、思想家朱熹}教寻孔颜乐处，皆是此意。若庸人多求多欲，不循理、不安命。多求而不得则苦，多欲而不遂则苦，不循理则行多窒碍而苦，不安命则意多怨望而苦。是以跼天蹐地^{天虽高，却不得不弯着腰；地虽广，却不得不小步走。形容处境困窘、惶恐不安的样子。跼jú，屈身；蹐jí，小步走。}、行险侥幸，如衣敝絮行荆棘中，安知有康衢^{四通八达的平坦大路。《尔雅·释宫》："四达谓之衢，五达谓之康。"衢qú}坦途之乐? 惟圣贤仙佛，无世俗数者之病，是以常全乐体。香山^{白居易}字乐天，予窃慕之，因号曰乐圃。圣贤仙佛之乐，予

何敢望？窃欲营 建造 履道一丘
一壑 比喻隐者栖息之所。丘，土山；壑 hè，山沟 ，仿白傅
白居易。因曾任太子少傅，故称白傅 之有叟在中，白须飘
然，妻孥 妻子和儿女。孥 nú，子女 熙熙 欢乐融洽的样子 ，鸡犬
闲闲 悠闲自在的样子 之乐云耳。

我怎么敢有所奢望？我私下里想要修筑一个能遵循天道的栖身之所，仿效白居易《池上离》中描述的：一老夫居住其中，花白胡须飘飘扬扬，妻子儿女和睦快乐，鸡犬悠闲自在安详的那种欢乐罢了！

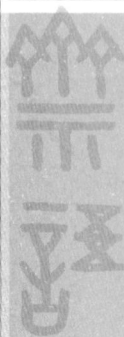

张英在这里告诉我们，快乐的泉源其实就在自己的心中。只要心胸坦荡无所牵挂，便可随遇而安，即使住在朝市，也可以乐在其中。相反地，如果没有一颗宽广超越、淡泊宁静的心，就算住在名山古刹，天天参禅打坐、读经念佛，也锁不住心猿意马，仍然会终日戚戚，抑郁而不得志。人们总是被外在的事物所驱使，又放不下"我执"，所以很难做到"不以物喜""不以己悲"。古代圣贤仙佛，所以能自得其乐，大抵不外放下诸般执着，扫去贪痴的妄想。欲望无穷，并想尽办法得到满足才是不快乐的根源。孔子说："君子谋道不谋食。"贫贱本身并非一件好事，但古人讲究"安贫乐道"，有"富贵花间露，荣华草上霜"的知足方能常乐。

圃翁曰：予拟一联，将来悬<u>草堂</u>也称草庐。用茅草盖的简陋房屋。旧时文人常以"草堂"为自己的住所命名，以示清淡雅趣。也常指隐居者所居住的茅屋中：富贵贫贱，总难<u>称意</u>遂其所欲。即称心合意。，知足即为称意；山水花竹，无恒主人，得闲便是主人。其语虽<u>俚</u>「。浅近，却有<u>至理</u>精深之道理。天下佳山胜水，名花美<u>箭</u>竹无限，大约富贵人<u>役</u>牵缠。受制于名利，贫贱人役于饥寒，总无闲情及此。惟付之<u>浩叹</u>感慨深长耳。

张英在这里主张人生在世，应当有一定的闲情逸致，只有这样，人在闲暇时情意才能有所寄托。寄情于自然山水花草之间，方能赏心悦目、陶冶性情、增广见闻。

圃翁说：我拟了一副对联，将来挂在我的草堂中：富贵贫贱，总难称意，知足即为称意；山水花竹，无恒主人，得闲便是主人。此联语言虽浅近，但表达的都是精深之道理。天下名山胜水、名花美竹遍地都是，大概因为富贵之士往往为名利所驱使，而贫贱之人往往为饥寒所困扰，所以谁也无暇顾及此闲情，我对此只有长叹一声罢了。

頼惰自甘
家道難成

頼惰自甘
家道难成

圃翁曰：唐诗如缎如锦，质厚而体重，文丽而丝密 纹彩美丽而细致，温醇 淳朴敦厚。醇chún，纯粹 尔雅 雅正，朝堂 严肃正式的场合 之所服也；宋诗如纱如葛 表面有花纹的纺织品。用丝做经，棉线或麻线等做纬，轻疏纤朗 轻薄宽松，纤细明亮，便娟 美好的样子。便pián 适体，田野之所服也。中年作诗，断当宗 尊崇，取法 唐律。若老年吟咏适意，阑入 擅自闯入。阑，擅自 于宋，势所必至。立意学宋，将来益流 沉溺，流连 而不可返矣。五律断无胜于唐人者，如王 指王维。字摩诘，号摩诘居士。唐朝诗人、画家 、孟 指孟浩然。名浩，字浩然，号孟山人。唐朝诗人 五言两句，便成一幅画。今试作五字，其写难言之景，尽难状 陈述，描绘 之情，高妙自然，起结超远，能如唐人否？

圃翁说：唐诗就好像是绸缎丝锦，质地厚实而深沉凝重，文采华丽，丝线精密，淳朴敦厚，极其雅正，是朝堂大人的服饰；宋诗就好像是棉纱葛布，轻盈宽松，美好合身而舒适，是田野之人的服饰。人到中年想要作诗，必须要取法唐诗韵律。假若年纪大了想要写出比较朗朗上口、适合心意的诗歌，从而掺杂了宋诗意境，那也是必然的。如果一开始就打定主意学宋诗，那么就会愈加沉迷其中而不能自拔。要说五言律诗，一定没有能比得过唐人的，就像唐代的王维、孟浩然，只用二三句五言诗，就能构成一幅优美的图画。现今尝试作五言诗，要写出难以用语言描绘的情景，难以名状的情绪，要求高妙自然，诗句的起始和结尾要高雅不俗，还能够写出像唐人那样的诗句吗？苏轼的五言律诗不多见到，陆游的五言律诗大概并不是他所擅长的。要想分别出唐人和宋人诗文意趣格调的不同之处，还是要从五言律诗中加以分辨。

苏_{苏轼}诗五律不多见，陆_{陆游}诗五律大率_{大概，大体。率shuài，大抵}非其所长。参唐宋人气味_{指意趣和情调}，当于五律见之。

评析

古书浩如烟海，难以尽读。张英的建议是读诗就要从读唐诗开始。唐诗语言温和纯良，典雅而精当，内在质地高贵华美；相较之下，宋诗清新淡雅而朴素，给人的感觉是轻松稀薄、合身而舒适。中年学习作诗，一定要从唐诗学起，学习它那种端庄严密的态度，富丽堂皇的风格，以及浓醇甜美的味道。如果是老年学诗，则不妨随意进入宋诗闲逸不拘的俗境；如果一开始就走入宋诗的闲散世界，再想回到唐诗的严谨规律，那就很困难了。

圃翁曰：昌黎韩愈。字退之，自称"郡望昌黎"，故世称韩昌黎。唐代思想家、文学家、政治家。唐代古文运动的倡导者《听颖师弹琴》诗有云："呢呢儿女语，恩怨相尔汝以你我相称，表示亲近。划然突然势轩昂此处指音调高昂，猛士赴战场。"又云："失势一落千丈强。"欧阳公欧阳修。字永叔，号醉翁、六一居士。北宋文学家、政治家以为琵琶诗，信然。予细味琴音，如微风入深松，寒泉滴幽涧，静永古澹古朴、淡雅，含义深远。澹dàn，恬静、安然的样子。其上下十三徽琴面指示音位的标识，出入一弦至七弦，皆有次第。大约由缓而急，由大而细，极于和平，冲夷和缓平夷为主，安有呢呢儿女，忽变为金戈铁马之声？常建字号不详。唐朝诗人，与王昌龄同榜进士，但仕途不如意，寄情于山水名胜。盛唐人对其诗评价颇高诗琴诗："江上调玉琴，

圃翁说：韩愈《听颖师弹琴》诗云："呢呢儿女语，恩怨相尔汝。划然势轩昂，猛士赴战场。"又云："失势一落千丈强。"欧阳修认为这属于琵琶诗之类。确实如此！我仔细品味琴的音色，就好像徐徐的微风吹进了深邃的松林，像寒泉滴落清幽的溪谷，静默、幽远、古雅、淡泊。琴面上十三处音位标记，在一到七弦间穿梭布局，有条不紊。演奏的时候，大体上排列为由缓而急，由高到低，但基本还是以平和缓慢为主，怎么会由亲亲密密的儿女情长，忽然间就变成了金戈铁马般的激昂高亢之声呢？唐人常建咏琴诗写道："江上调玉琴，

一弦清一心。泠泠七弦遍，万木沉秋阴。能令江月白，又令江水深。始知枯桐枝，可以徽黄金。"这真可叫字字精妙，真正懂得了琴的奥妙所在。体味这首诗，就知道了它和韩愈琴诗的迥然不同了。

自古以来，士大夫学习琴法，大体上都不能学得太多太杂。白居易只弹《秋思》一曲，范仲淹也只弹《履霜》一曲。高人抚弄琴弦，自有其心旷神怡、平和淡雅的趣味，并不在于多少。古人如果作有一首琴曲，调适音调，只传授指法。后来的人强行将曲谱配上歌词，未免离古人之意太远了。甚至庸俗地将《大学》以及

一弦清一心。泠泠^{líng líng。本指流水声。借指清幽的声音}七弦遍，万木沉秋阴。能令江月白，又令江水深。始知枯桐枝^{比喻不起眼的琴。古琴多为泡桐木所作}，可以徽黄金。"真可谓字字入妙，得琴之三昧^{佛教用语。指佛教的修行方法之一。此处指奥妙、诀要}者。味此，则与昌黎之言迥别矣。

古来士大夫^{古时指当官有职位的人，也指没有做官但有声望的读书人}学琴，类不能学多操^{琴曲}。白香山止《秋思》一曲，范文正公^{范仲淹。字希文，谥文正。北宋文学家、思想家、政治家}止《履霜》一曲。高人抚弦动操，自有夷旷冲澹^{平易开朗，谦虚淡泊}之趣，不在多也。古人制琴一曲，调适宫商^{五音中的宫音和商音。泛指音律}，但传指法。后人强被^{同"披"}以语言文字，失之远矣。甚至俗谱用《大学》

及《归去来辞》《赤壁赋》，强配七弦，一字予以一音。且有以山歌小曲溷_{hùn。混杂}之者，其为唐突_{冒犯，亵渎}古乐甚矣，宜为雅人之所深戒也。大抵琴音以古澹为宗，非在悦耳。心境微有不清，指下便尔荆棘_{jīng jí。泛指山野丛生的带刺小灌木。比喻琴声杂乱刺耳。} 清风明月之时，心无机事_{机巧之事}，旷然天真时，鼓一曲，不躁不懒，则缓急轻重，合宜自然。正音_{纯正、雅致的乐声}出于腕下，清兴_{清雅之兴致}超于物表_{物外，世俗之外}。放翁诗曰："琴到无人听处工_{精巧佳妙之意。}"未深领斯妙者，自然闻古乐而欲卧，未足深论也。

《归去来辞》《赤壁赋》作为歌词，生硬地和七弦之音相配，一个字配一个音。更有甚者，还用山歌小曲混杂于其中。这些都是对古乐极大的冒犯，应当为文人雅士所禁止。大体上琴音是以古雅恬淡为宗旨的，并不单单追求于悦耳动听。抚琴时心情稍有杂念，弹出的琴声就会杂乱刺耳。风清月朗之时，心中澄澈，旷然纯洁，这时抚琴一曲，不浮躁，不慵懒，其快慢节奏、轻重缓急都将与自然相合。纯正的乐音出于手腕之下，清雅的趣味则会超出天外。陆游有诗说："琴到无人听处工。"没有深刻领会这种奇妙境界的人，自然是在倾听古乐时会厌倦欲睡，这就不值得多加谈论了。

自古以来，琴一直是士大夫阶层偏好的乐器，他们往往藉琴来表达心声或抒发情感。琴声是弹奏者心意之所寄，弹奏者心境的细微改变，都足以影响琴曲的风格和趣味：心情郁闷烦躁的时候，曲调自然纷杂错乱；心情明朗开阔的时候，曲调自然轻快舒畅。张英强调，琴曲是借音乐来传达情志的，所以重在曲调，而不在文字。

圃翁曰：古人以眠食二者为养生之要务。脏腑肠胃常令宽舒有余地，则真气_{指人体的元气}得以流行而疾病少。吾乡吴友季善医，每赤日寒风_{指夏冬两季极热极冷之天气}，行长安道上不倦。人问之，曰："予从不饱食，病安得入？"此食忌过饱之明征_{明证}也。燔_{fán。烤}炙熬煎，香甘肥腻之物最悦口_{可口}，而不宜于肠胃。彼肥腻易于粘滞_{粘稠滞积，难以消化}，积久则腹痛气塞，寒暑偶侵，则疾作矣。放翁_{陆游}诗云："倩盼_{形容相貌美好，神态俏丽}作妖狐未惨_{狠毒}，肥甘藏毒鸩_{zhèn。用鸩的羽毛泡成的毒酒}犹轻。"此老知摄生_{养生}哉！炊饭

圃翁讲：古人认为睡眠和饮食是养生中最为重要的事情。人身体中的脏腑肠胃等，经常保持宽松舒适留有余地，才会使人的元气保持顺利通畅，从而也就会减少疾病。我的同乡吴友季擅长医学，不管天寒地冻，还是烈日炎炎，他走在长安大道上都显得精神饱满，毫无倦意。有人问他原因，他说："我从来不吃得过饱，疾病怎么会上身呢？"这是一个忌讳进食过饱的明证。烧烤煎煮出来的食物，虽然香喷喷，肥腻腻，吃起来味美可口，但最不适宜肠胃消化了。那些肥腻的东西滞留在肠胃中，积食多了，就会感到肚痛气塞，偶尔受凉或遇热，疾病就会发作。陆游有诗说："倩盼作妖狐未惨，肥甘藏毒鸩犹轻。"这老先生可算是懂得保养身体的人！烧饭一定要既

软且熟,鸡肉之类的肉食只宜淡煮,菜羹清香要清洗干净煮得浓浓的。进食只能八分饱,饭后要饮六安出产的苦茶一杯。假若又累又饿,回到家中一定要先喝一两杯清醇的好酒,用来先开开肠胃。陶渊明有诗说:"春醪解勠饥。"大概说的就是借酒来开胃。如果这样做了,怎么会对人没有好处呢?而且,进食切忌吃得太杂太滥,一顿饭,既要吃水里游的,又要吃地上跑的,荤素不限,浓淡不避,自然就会损伤脾胃。我认为像鸡鸭、鱼猪之类,挑选一两种,吃饱,对身体是很有裨益的。这种说法古人没有谈到,只是我琢磨觉得应该这样。

睡觉是人生中最大的乐事。

极软熟,鸡肉之类只淡煮,菜羹清芬鲜洁渥_{wò。浓厚}之。食只八分,饱后饮六安_{六安茶,即六安瓜片。中国十大名茶之一。产自安徽六安}苦茗_{míng。茶}一杯。若劳顿饥饿,归先饮醇醪_{醪láo,米酒}_{味道浓醇的美酒。}一二杯,以开胸胃。陶_{指陶渊明。字元亮,又名潜,私谥靖节。东晋南北朝时期诗人、辞赋家}诗云:"春醪解勠_{qú。过分劳苦,勤劳}饥。"盖藉_{凭借}之以开胃气也。如此,焉有不益人者乎?且食忌多品,一席之间,遍食水陆_{借指水陆所产的各种食物},浓淡杂进,自然损脾。予谓或鸡鱼凫豚_{fú tún。水鸭和猪}之类,只一二种饱食,良_{甚,实在}为有益。此未尝闻之古昔,而以予意揣当如此。

安寝乃人生最乐。古人有

言：不觅仙方觅睡方。冬夜以二鼓_{二更天。晚上九点到十一点}为度；暑月以一更_{晚上七点到九点。更，旧时夜间计时单位。一夜分为五更}为度。每笑人长夜酣饮不休，谓之消夜。夫人终日劳劳_{辛劳}，夜则宴息_{安寝休息}，是极有味，何以消遣为？冬夏皆当以日出而起，于夏尤宜。天地清旭_{清朗的早晨。旭，日出光明的样子}之气，最为爽神，失之甚为可惜。予山居颇闲，暑月日出则起，收水草清香之味。莲方敛而未开，竹含露而犹滴，可谓至快。日长漏永_{时间很长。漏，漏壶，古代的计时工具。此借指时间}，不妨午睡数刻。焚香垂幕，净展桃笙_{铺开清洁的竹}

古人说：不去寻求成仙的方法，而要寻找睡觉的秘方。一般来说，冬天夜里9点到11点就寝最为合适，而夏夜则在7点到9点最为合适。我每每笑话有些人整晚上都在酣饮豪喝，无休无止，还美其名曰消夜。人们在白天里忙忙碌碌，疲劳困乏，到了晚上，舒服地躺到床上休息，真是极其有滋有味的，为什么要消遣夜晚的时光呢？不管冬天还是夏天，都应当在日出时起床，尤其是夏天最适宜。大自然清晨的空气，最能使心神爽快，错过了是非常可惜的。我居于山中很是悠闲，在夏月日出时就起床，呼吸水草散发出的清香气味。这时，莲花收敛尚没有开放，青竹饱含着露水晶莹欲滴，这可是最为惬意的时候了。如果白天天气变长，不妨午睡一小会儿。燃起香火，放下帷幕，铺开干净的竹席。睡足起床，神清气爽，这时真的感到自己不异于天上的神仙。而且，日常居家，最好是早早起床。假如太阳升起老高还没有起床，而这时客人已经来到，奴仆们脸未洗，妻妾们头没梳，庭院没有打扫，炉灶还没有生火，这是最为不雅观的事了。过去何如宠在京城居住的时候，和他一同考取进士的朋友来看望他，已经很迟了他还没有起床，等了很久，他才出来。朋友问道："贵夫人也没有起床吧？"何如宠回答："是的。"朋友说："太阳都升起这么高了，男女主人都没有起床，家里的奴仆奸淫、盗窃、欺诈、诳骗，还有什么不敢做的呢？"何如宠听后猛然惊悟，从此以后一直到老，他都不再晚起床了。这是太守公大人亲自告诉我的。

席。桃笙，桃枝竹编的竹席。笙shēng。

睡足而起，神清气爽，真不啻不止,不异于。啻chì,只,但天际真人天上的仙人。况居家最宜早起。倘日高客至，僮则垢面，婢且蓬头，庭除庭院石阶未扫，灶突犹寒指尚未生火做饭。灶突,灶上的烟囱。，大非雅事。昔何文端公何如宠。字康侯,谥文端。明代万历进士,累官礼部尚书、武英殿大学士居京师，同年科举考试同榜登科者互称同年诣造访之，日晏天色已晚。晏yàn,晚,迟未起，久之方出。客问曰："尊夫人亦未起耶？"答曰："然。"客曰："日高如此，内外家长家中的男女主人皆未起，一家奴仆，其为奸盗诈伪，何所不至耶？"公瞿然惊骇的样子。瞿jù,惊恐,惊悸，自此至老不晏起。此太守公亲为予言者。

张英在这里以生动的事例告诉人们，合理、适当的饮食与睡眠对于养生极为重要。饮食方面，不能过饱贪多，家常便饭宜清淡均衡，这样才会有助于健康长寿。而睡眠则宜适时适度，日常起居，当睡则睡，当起则起。这样才有助于健康，有助于学习工作。张英关于饮食与睡眠的训示，对于我们来说真是一个很好的警示。当今社会，工作与生活节奏加快，人们的日常交往也很频繁，许多人又不懂得如何科学地养身，在饮食与睡眠上出现了许多问题。暴饮暴食，睡眠不足，尤其是一些年轻人，经常是"晚上不睡觉，白天不起床"，作息无常，日夜颠倒，生理代谢严重失调，导致健康质量下降。如何在日常生活中促进身心的健康，可细细体味张英的教诲。

善欲人見
不是眞善

善欲人見
不是真善

圃翁曰：山色朝暮之变，无如春深秋晚。四月则有新绿，其浅深浓淡，早晚便不同。九月则有黄叶，其赪 chēng。浅红色黄茜 qiàn。深红色紫，或映朝阳，或回夕照，或当风而吟，或当霜而殷 yān。黑红色，皆可谓佳胜 美好之极。其他则烟岚 lán。山间的雾气雨岫 xiù。峰峦、云峰霞岭，变幻顷刻。孰谓看山有厌倦时耶？放翁诗云："游山如读书，浅深在所得。"故同一登临，视其人之识解学问，以为高下苦乐，不可得而强也。予每日治装 整理行装入龙眠 山名，家人相谓："山色总是如此，

圃翁说：山林色彩早晚变化之美，没有能比得上深春与晚秋的。春四月万物萌发出新绿，颜色有浅有深，有浓有淡，即使早晚间也不相同。九月间的黄叶漫山遍野，红色黄色紫色，色彩缤纷，有时映照朝日，有时反照夕阳，有时迎风低吟，有时带霜殷红，都可算是美景佳境了。其他像烟入山峦，雨出山岫，云盘层峰，霞映长岭，瞬间变幻莫测，谁说观山林妙境会有厌倦的时候？陆游诗说："游山如读书，浅深在所得。"因此，即使是一同登山游乐者，也是看此人学识见解的深浅程度如何，从而也就会出现优劣苦乐之趣的区别，这是不能牵强于人的。我每天打点行装到龙眠山去，家人则对我说："山林的风景总是如此，何必要天天去看

呢？"这真是将看山人的情趣看得太浅陋了！

何用日日相对？"此真浅之乎言看山者。

即言之乎浅。把它说得浅陋了

评析

苏东坡的《题西林壁》诗中说："横看成岭侧成峰，远近高低各不同。"张英的这段话完整地阐释了该诗的意涵。观山者对于山林景色百看不厌，是缘于人们不但可以在不同的季节，不同的时间，欣赏到不同的山林风貌，而且在相同的时节，每个人因其学识修养的差异，透过不同的角度，也会领略到它不一样的神奇与秀美。《论语》上说"仁者乐山"，陆游诗也说"游山如读书，深浅皆可乐"。既要读万卷书，又要行万里路，如此才能更好地领略大自然的山水之秀、日月之光、人文之美。

圃翁曰：人家僮仆，最不宜多畜（雇养）。但有得力二三人，训谕（训教，开导）有方，使令（差遣）得宜，未尝不得兼人（能力倍于他人）之用。太多则彼此相诿（互相推卸责任。诿 wěi，推托），恩养必不能周（周全），教训亦不能及，反不得其力。且此辈当家道盛，则倚势作非（干坏事），招尤（招致他人的怪罪或怨恨。尤，怨恨，归咎）结怨；家道替（衰败，衰落），则飞扬跋扈（bá hù。蛮横强暴），反唇卖主（出卖主人）。皆势所必至。予欲令家仆皆各治生业，可省游手游食（游手好闲，不务正业，不劳而食）之弊，不至于冗食为非（吃闲饭作恶事。冗 rǒng，多余）也。

且僮仆甚无取乎黠慧（狡猾机敏。黠 xiá，聪明而狡猾）者。吾辈居家居宦，皆简静守

圃翁说：家里的奴婢仆人，最不宜多多雇养。只要有二三个比较得力的人就行了，对他们训教开导有方，差遣调度合理，未尝不可以一人顶几个人用的。如果蓄养的奴婢太多，就会出现做事互相推诿的现象，同时也会出现爱护教育不能顾及全部，训教也不能达到每个人，反而是用人不得力。而且，像奴婢这样的下人，当家道兴盛的时候，他们会倚仗势力而胡作非为，招致灾祸，集结怨仇；当家道衰落的时候，他们又会飞扬跋扈，反叛求荣而出卖主人。这些都是必然的。我准备让我的家仆们各自治理自己赖以生存的产业，这样就会避免他们游手好闲、不劳而获的坏毛病，不至于到吃闲饭、干坏事的地步。

而且，在选用奴仆时，千万不要挑选那些机敏却又狡猾的人。我等无论是做官，抑或是在家庭，

都属于比较简单好静、遵章守理之人，做事从来都光明磊落，不搞阴谋诡计。至于衙门政务，都是亲自处理，从不烦劳能干的仆人替我去应付当朝的权贵，或者奔劳于远道去疏通关系、替我打听机密以及穿梭活动于势大权重者的门下。我所要他们做的，只不过是跟随侍奉、洒扫庭院台阶，或者替我背负行李陪我远行之类的事务，何必非要使用那些聪明机智的人来办理呢？说到那些在山里耕田锄地的奴仆们，他们才是比较宝贵的人。他们没有什么过分欲望，又老实巴交，不会给主人招惹怨恨。就算他们不遵从管束，最多也不过是偷懒愚蠢之类的小过错而已，主人没必要特意防范和禁止，这不就为主人颐享清闲之福提供了帮助吗？

理，不为闇昧不明不白。闇 àn，昏暗之事。至衙门政务皆自料理，不烦干仆能干的仆人巧权门之应对周旋应付，为远道之输将输送财物，打点机密，奔走势利。所用者不过趋蹡奔走侍奉。蹡 qiàng，同"跄"，行走、洒扫、负重、徒步之事耳，焉用聪明才智为哉？至于山中耕田锄圃之仆，乃可为宝。其人无奢望、无机智，不为主人敛怨招惹怨恨。彼纵不遵束约，不过懒堕愚蠢之小过，不必加意防闲，岂不为清闲之一助哉？

评析

在传统社会里，仕宦富贵家庭，常有丫鬟婢女、僮仆厮役之人以供驱遣。张英作为当朝显贵，深知使用奴婢的利弊之处。他认为，僮仆不能多雇，也不能养聪明狡黠之人。俗话说，"树倒猢狲散"，如果主仆之间无恩无义，出现这样的结局多少就是一种因果报应了。主仆之间，虽贵贱分明，部属之间，虽高低不同，总要存一份尊重与信任，如此方能和谐共处，共生共荣。

圃翁曰：昔人论致（达到，获得）寿之道有四：曰慈，曰俭，曰和，曰静。人能慈心（发慈悲之心）于物，不为一切害人之事，即一言有损于人，亦不轻发。推之戒杀生以惜物命（物类的生命），慎翦伐（砍伐）以养天和（自然祥和之气）。无论冥报（谓死后相报）不爽（差失，差错），即胸中一段吉祥恺悌（kǎi tì。和乐平易）之气，自然灾沴（灾害。沴lì，灾害）不干（gān。侵犯），而可以长龄矣。

人生福享，皆有分数（上天安排的命数）。惜福之人，福尝（通"常"）有余；暴殄（任意糟蹋财物。殄 tiǎn，尽，绝。）之人，易至罄竭（qìng jié。匮乏，空竭）。故老氏（老子。姓李名耳，字老聃。春秋时期思想家，道家创始人）以俭为宝。不止财用当俭而已，一切事常思俭啬（节俭。啬 sè，节省，节俭）之义，方

圃翁说：过去人们总结出了求取长寿的四种方法：这就是慈善、节俭、和顺、沉静。人如果能够对任何物体都表现出慈善之心，不做任何有损于他人的事，哪怕是一句可能伤害他人的话，也不去说它。进而类推，禁止杀生以爱惜生命，谨慎砍伐以积养自然祥和之气。不管死后是否有什么报应，都会使胸中养成一种吉祥如意、和乐平易的景象，天灾人祸自然就不会侵犯，从而也就会延年益寿了。

人生在世，所享受的福分是有一定限度的。怜惜福分的人，福分通常有富余；肆意糟蹋挥霍福分的人，福分容易匮乏。因此老子才以节俭为宝贵。节俭并非仅仅针对财宝而言，任何事情都要经常地思量着节俭吝惜，才会

留有余地。在饮食方面加以节制，就可以保养脾胃；在欲望方面加以节制，就可以养精蓄锐；在言语方面加以节制，就可以保养元气，避免是非；在交游方面加以节制，就可以结交良友，减少过错；在应酬方面加以节制，就可以保养身体，避免辛劳；在熬夜方面加以节制，就可以安定精神，舒展肢体；在饮酒方面加以节制，就可以心地纯净，修养德性；在思考方面加以节制，则可以排去烦恼，解除忧愁。对于任何事情能够省去一分，就会收到这一分的好处。天下所有的事情，只有十分之一二属于万不得已的。初看上去以为是万不得已的，但仔细推敲，则并非万不得已。就像这样一件一件地排除掉，那么就会看到事情在一天天地减少。白居易的诗中说："我有一言君记取，世间自取苦人多。"现问问那些

有余地。俭于饮食，可以养脾胃；俭于嗜欲，可以聚精神；俭于言语，可以养气息非；俭于交游，可以择友寡过_{少犯错误}；俭于酬错，可以养身息劳；俭于夜坐，可以安神舒体；俭于饮酒，可以清心养德；俭于思虑，可以蠲_{juān。免除，除去 免除，除去}烦去扰。凡事省得一分，即受一分之益。大约天下事，万不得已者，不过十之一二。初见以为不可已，细算之亦非万不可已。如此逐渐省去，但日见事之少。白香山诗云："我有一言君记取，世间自取苦_{自讨苦吃}人

多。"今试问劳扰烦苦之人，此事亦尽可已，果属万不可已者乎？当必恍然自失矣！

人常和悦，则心气冲_{淡泊谦和}而五脏安，昔人所谓养欢喜神。真定_{地名。今河北正定}梁公每语人，日间办理公事，每晚家居，必寻可喜笑之事，与客纵谈，掀髯_{rán。两腮的胡子，亦泛指胡子}大笑，以发抒一日劳顿郁结_{内心抑郁积聚不解}之气。此真得养生要诀。何文端公时，曾有乡人过百岁。公叩_{询问，打听}其术，答曰："予乡村人无所知，但一生只是喜欢，从不知忧恼。"噫！此岂名利中人所能哉？

《传》《论语·雍也》曰"仁者静"，

劳苦烦扰的人，这件事完全可以不做，真的是属于万不得已的事情吗？一定是恍然若失吧！

人如果能够经常保持愉悦的心情，就会心平气和，五脏安宁，这就是古人所讲的养欢喜神。真定人梁公总是对人讲，白天办理公家的事务，每天晚上回到家里，一定要寻找可以令人高兴发笑的事情，和客人纵情交谈，扬起胡须仰天大笑，用来发泄一天里辛劳积下的郁闷之气。这可真是得到了养生的秘诀。何如宠在世的时候，曾有一位同乡年过百岁，如宠向他询问长寿秘诀，老人回答说："我是一个乡下人，知道的事情不多，但是一生就只知道高兴，从不知道什么叫忧愁和烦恼。"噫！这难道是为名利所困扰的人所能做得到的吗？

《论语》上说"圣贤的人沉

静"，又说"聪明的人好动"。常见气盛烦躁的人，举动轻佻傲慢，这些人大多数都活不长久。古人说砚台是用世来计算的，墨汁是用年来计算的，毛笔是用天来计算的，这都是因为动静不同而形成差别。静的含义有两种：一种讲的是身体不要过于劳累；一种讲的是心情不要轻易扰动。凡是遇到了诸如劳累辛苦、忧愁慌乱、欢乐喜悦、恐惧害怕等事情，外表上要顺其自然以应对，而内心则要安然不动，像平静清澈的潭水，像无波的古井之水，只要用心志平息了浮动之气，那么外部所有的打扰纷争都会随之烟消云散了。

以上所讲的四种方法，对于养生来说，是最为切实可行的。相对于服药导引等方法来说，何止超过一万倍！如果采用服药的

又曰"知者动"。每见气躁之人，举动轻佻_{轻浮，不庄重}，多不得寿。古人谓砚以世计，墨以时_{四时。即春、夏、秋、冬四季，亦即一年之意}计，笔以日计，动静之分也。静之义有二：一则身不过劳；一则心不轻动。凡遇一切劳顿、忧惶、喜乐、恐惧之事，外则顺以应之，此心凝然不动，如澄潭，如古井，则志一动气_{心志凝住浮动之气}，外间之纷扰皆退听_{退让顺从}矣。

此四者，于养生之理，极为切实。较之服药引导_{即导引。道家养生之法}，奚啻_{xī chì。何止，岂但}万倍哉！若服药，则

物性易偏，或多燥滞_{干燥停滞。}引导吐纳_{口吐恶浊之气，鼻吸清新之气，即吐故纳新。道家养生之法}，则易至作辍_{时作时歇。辍 chuò，中止，停止}。必以四者为根本，不可舍本而务末也。《道德经》_{又名《老子》。春秋时期李耳撰}五千言，其要旨不外于此。铭之座右，时时体察，当有裨益_{益处，补益。裨 bì，增添，补助}耳。

办法来实现养生的目的，那药物容易产生副作用，或出现燥热食滞的现象。至于道家所讲的导引吐纳之功，往往会半途而废，不能长久坚持。必须要以上述四种方法作为养生的根本之法，不可以舍掉根本而去抓细枝末节。老子所做的《道德经》五千言，其中心思想不外乎以上所讲的慈善、节俭、和顺、沉静。要把它作为座右铭，经常地加以观察思考，应当是很有助益的。

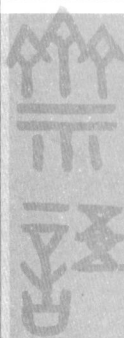

养生不仅要从饮食方面着手，良好的心态更是长寿的一大秘诀。张英在这里所强调的就是要努力追求一种心理的沉静状态。寿命的长短，跟人心的修养有着很大的关系。心理沉静的状态，儒家称为"仁"，而"仁者乐山"，"仁者不忧"，就是一种心理沉静状态的体现。正如朱子所说，"仁者安于义理而厚重不迁，有似于山，故乐山"。其实正是以山的厚重不动，来象征人心理沉静状态的一种说法。"仁者寿"，也就说明了心理沉静对于维持生命延续的重要意义。

圃翁曰：人生不能无所适依从，归向，往以寄其意。予无嗜好，惟酷好看山种树。昔王右军王羲之，字逸少，号澹斋。东晋书法家。官至右军将军，世称王右军 亦云："吾笃嗜非常喜好 种果，此中有至乐存焉。"手种之树，开一花结一实，玩之偏爱，食之益甘。此亦人情也。

阳和里五亩园，虽不广，倘所谓"有水一池，有竹千竿"者耶！花有十二种，每种得十余本草本植物一株为一本，循环玩赏，可以终老。城中地隘，不能多植。然在居室之西数武古代以六尺为步，半步为武，花晨月夕，不须肩舆策蹇乘轿或骑驴。肩舆，即轿子；蹇jiǎn，驽马，亦指驴，自朝至夜分夜半之时，可以

圃翁说：人生在世，不能整天无所事事，游手好闲，使心里没有一个寄情托意之所。我没有什么嗜好，只是特别喜欢看山种树罢了。过去东晋的工羲之也说过："我特别喜好种植果树，这中间有不可言状的乐趣。"亲手种植的树木，每开一花朵，结一个果实，拿在手上玩赏舍不得丢下，吃进嘴里十分香甜。这也是人之常情所致。

我在阳和里有五亩园林，虽然不怎么广阔，或也可算是所谓的"清水一池、茂竹千竿"吧。花有十二种，每一种种上十多株，四季循环，观赏玩味，可以终养天年。城里地方狭窄，不能多多种植。但在居室的西边几步远的地方，栽花种草，早上欣赏花草，晚间观赏明月，不需要坐轿骑驴，从早上一直到夜间，都可以美美地

饱看一番。一花一草，从初开到最终凋零，其中有着无穷无尽的乐趣。所以说一株可以抵上十株，一亩可以超过十亩。我在山中过去曾经经营着一个叫赐金园的庄园，现今我又买下了一个叫芙蓉岛的地方，都是以经营农事为主，捎带着也在空隙地带或池塘边上栽种一些树木，也不会影响耕作。观看农夫耕作是人生中最大的乐趣之一。古人所津津乐道的亲自耕作，也只不过是督促农仆罢了，并不在于要亲自去操作劳碌的。

酣赏饱看^{恣意游赏，纵情观看}。一花一草，自始开至零落，无不穷极其趣。则一株可抵十株，一亩可敌十亩。山中向^{原来，过去}营赐金园，今购芙蓉岛，皆以田为本，于隙地疏池种树，不废耕耘。阅^{观看，观察}耕是人生最乐。古人所云躬耕，亦止是课仆督农^{考核仆役，督促农事}，亦不在沾体涂足^{身体手脚沾上田中泥土。意指亲自下田劳作}也。

评
析

张英再次强调人生应有寄托情意之处。嗜好有好有坏，栽花种草、体验农耕则是有益于身心的嗜好。地不大，但有水有竹；花不贵，但品种很多；路不远，不必费时往还，所以早晚都可以赏玩。从花开看到花谢，每一个阶段的趣味都不会错过。张英一直有神仙一样的闲情逸致。

336
○
337

圃翁曰：山居宜小楼，可以收揽_{收束。此处形容景物尽收眼底}群峰众壑之势。竹杪松梢_{松竹末梢。杪 miǎo，树枝的细梢}，更有奇趣。予拟于芙蓉岛南向，构_{建构}一小楼，题曰"千崖万壑之楼"。大溪环抱，群峰耸峙_{高耸屹立。峙 zhì，直立，耸立}，可谓快矣。筑小斋_{屋舍}三楹_{yíng。古代计算房屋的单位。房屋一间为一楹}，曰"佳梦轩"。夫人生如梦，信矣！使夕梦至此，岂不以为佳甚耶？陆放翁梦至仙馆，得诗云："长廊下瞰碧莲沼，小阁正对青萝峰。"便以为极胜之景。予此中颇有之，可不谓之佳梦耶？香山诗云："多道人生都是梦，梦中欢乐亦胜愁。"人既在梦中，则宜

圃翁说：在山中适宜居住较小的阁楼，可以将千山万壑的景物尽收眼底。就是竹林松梢，也会有奇妙的情趣。我打算在芙蓉岛以南的地方，建造一座小楼，取名叫"千崖万壑之楼"。河流环绕，群山耸立，可以说是赏心悦目的了。再修建小书房三间，取名叫"佳梦轩"。人生如梦，确实是这样啊！能让晚间所做的梦在这里实现，难道不是一种最佳的境界吗？陆游梦里到了仙馆，写诗说："长廊下瞰碧莲沼，小阁正对青萝峰。"就认为是最好的景象了。我这里这种景象有很多，难道这还不算是佳梦吗？白居易有诗说："多道人生都是梦，梦中欢乐亦胜愁。"人既然在睡梦中，就应该停下脚

步玩味自己的梦，而不该因为梦是幻想是泡影而哀叹惋惜。我因此要将这里作为我的睡乡，而不再在邯郸路上，向道士借黄粱枕了。

税驾 解驾、停车。休息之意。税 tuō，通"挩""脱"，解下、除去 咀嚼其梦，而不当为梦幻泡影之嗟 叹息。予固将以此为睡乡 睡梦中的境界，而不复从邯郸道上，向道人借黄粱枕

典出唐李泌《枕中记》：开元十九年，道者吕翁于邯郸邸舍中，值少年卢生自叹其困，翁操囊中枕授之，曰："枕此，当令子荣适如意。"生于寐中娶清河崔氏女，举进士，登甲科，官河西陇右节度使，寻拜中书侍郎同中书门下平章事。掌大政十年，封赵国公。三十余年出入中外，崇盛无比，老乞骸骨，不许，卒于官。欠伸而寤。初主人蒸黄粱为馔，时尚未熟也。吕翁笑谓曰："人世之事，亦犹是矣！"生曰："此先生所以窒吾欲也，敢不受教！"

再拜而去 也。

评析

张英认为，人生既然如梦中，那就要真正地放下一切，好好地构建享受人生佳梦。或构想美好的未来，或拾取欢乐的记忆，要尽情地享受自然、享受生活，开门观青山，闭户听绿水，多想着快乐之事。圃翁所言之小楼、小屋、佳梦，其实都是实实在在的能够实现的梦想，跟卢生那种身在江湖、心在庙堂的幻梦，是截然不同的。

圃翁曰：人生于珍异之物，决不可好。昔端恪公^{姚文然。字弱侯，号龙怀，谥端恪。清朝文学家}言："士人于一研^{砚台。研，同"砚"}一琴，当得佳者。研可适用，琴能发音，其他皆属无益。"良然！磁器最不当好，瓷佳者必脆薄，一酼^{zhǎn。同"盏"，一种酒器}值数十金，僮仆捧持，易致不谨，过于矜束^{慎重拘束}，反致失手。朋友欢宴，亦鲜乐趣。此物在席，宾主皆有戒心，何适意^{轻松自在}之有？磁取厚而中等者，不致太粗，纵有倾跌^{跌倒}亦不甚惜，斯为得中之道也。

名画法书^{名家的书法作品}及海内有名玩器，皆不可畜^{收藏}，从来贾祸^{自招祸患。贾gǔ，招致}招尤，可为龟鉴^{也称龟镜。龟壳可卜吉凶，铜镜}

圃翁说：人生在世，对于奇珍异宝，绝对不能过于喜好。过去端恪公姚文然就说过："文人墨士对于一方砚台一把古琴，常常要求得到最好的。砚台能实用，古琴能发音，其他方面都属无用。"这话说得在理！瓷器最不应当玩好，瓷品好的必定不坚实，一只杯子价值几十金，童仆捧着，容易导致不谨慎，过于小心翼翼，反而会导致失手。如果是朋友欢聚宴乐，也很少有乐趣在其中了。这种物品摆在席间，宾客和主人都存有戒心，哪里还有什么轻松自在的时候？瓷器要买那些瓷质厚实的中等品，不要过于粗糙就行，即使摔了，也不会感到太可惜，这是比较适中的做法。

名人字画书法，以及海内比较有名的玩物器具，都不可以收藏。向来招惹祸患，可引以为戒。

购置时要价不止千金，卖出去却不值一文。况且这种东西从来都是真伪难辨的，做伪手段千奇百怪，鬼神自叹不如，装裱时很容易被偷梁换柱。如果一轴书画有了很好的价钱，很快就有人伪造。将假货定为真品，将真品认作假货，互相之间取笑讥讽，只作为笑料罢了。过去真定人梁公有收藏字画这一爱好，竭尽平生的精力加以收购，在他去世后，所收藏字画被一些有权有势的人索取，几乎所剩无几。然而虽然给予的是最好的，可这些人却认为不是，怀疑珍品被藏起来了，他的后代子孙因此而深受拖累。这是值得引以为戒的事例了。

可照美丑。比喻可资借鉴的事物。鉴，镜子。购之不啻千金，货出售之不值一文。且从来真赝_{yàn。假的，伪造的}难辨，变幻奇于鬼神，装潢易于窃换。一轴得善价，继至者遂不旋踵_{转足之间。形容迅速。踵zhǒng，脚后跟}。以伪为真，以真为伪，互相讪笑_{讥笑。讪shàn，}，止可供喷饭_{因发笑而把嘴中的饭喷出来。形容事情的可笑。}。昔真定梁公有画字之好，竭生平之力收之，捐馆_{去世。人死则弃其所住之馆舍，故曰捐馆}后为势家_{有权势的人家}所求索殆尽。然虽与以佳者，辄_{zhé。总是}谓非是，疑其藏匿，其子孙深受斯_这累。可为明鉴者也。

张英意在提示我们，古董书画等珍异之物不可过于贪好。收藏本属一种雅好，但过于投注心力于其中，并无多少快乐可言。有时为了收藏珍宝，往往会不务正业、抛妻别子，甚至不择手段伤人害己，陷入"玩物丧志"的境地而不可自拔。

圃翁说：天体是最圆的，因此生长在天体中的一切事物，没有一种是不与天体形状相类似的。天象中比较大的比如太阳月亮，再比如人的耳目手脚、动物的羽毛、树木的花果等都是圆的。土和雨搅和到一起就团成了泥丸，水和雨混合在一起就会形成气泡。凡是天地间自然生成的东西都是圆形的，方形的都是人为造成的。大概是因为承受了天地的性情，没有一样不呈现天地的形态。各种事情做到了最为精妙的地步，没有不是圆的。古代圣贤的品德，古今最好的文章和书法，甚至于一种技艺、一种专能，都是到了最圆通的时候才会达到登峰造极的地步。裕亲王曾经畅谈自己的看法，正好与我的观点相合。偶然说到了科场应试的文章，想来也是要到最圆融晓畅的时候才能达到最

圃翁曰：天体至圆，故生其中者无一不肖[像，类似]其体。悬象[天象]之大者，莫如日月，以至人之耳目手足、物之毛羽、树之花实。土得雨而成丸，水得雨而成泡。凡天地自然而生皆圆，其方者皆人力所为。盖禀[bǐng。承受，领受]天之性者，无一不具天之体。万事做到极精妙处，无有不圆者。圣人之德，古今之至文法帖[最好的文章，最好的书法]，以至一艺一术，必极圆而后登峰造极。裕亲王[爱新觉罗·福全。清世祖顺治帝次子。清朝政治家、军事家]曾畅言其旨，适与予论相合。偶论及科场文[科场应试的文章]，想必到圆处始佳。

即饮食做到精美处，到口也是圆底（通"的"）。余尝观四时之旋运（旋转运行），寒暑之循环，生息（生殖繁衍）之相因（承袭），无非圆转。人之一身，与天时相应。大约三四十以前，是夏至前，凡事渐长；三四十以后，是夏至后，凡事渐衰，中间无一刻停留。中间盛衰关头，无一定时候，大概在三四十之间，观于须发可见。其衰缓者，其寿多；其衰急者，其寿寡。人身不能不衰，先从上而下者多寿，故古人以早脱

佳的效果。就连饭菜做到了最精美的地步，吃到嘴里的感觉也是圆润可口。我曾经观察春夏秋冬四时的运转交替，寒暑冷热周而复始的循环变化，生殖繁衍互相承袭，无非就是一个圆转的过程。人之身体，也是和天时相对应的。大约在三四十岁以前，相当于四季中夏至以前的阶段，一切都在增长时期；到了三四十岁以后，就相当于四季中夏至以后的阶段，一切都在衰落时期，其间没有一刻处于停止阶段。至于中间由盛转衰这个关头，并没有确定的时候，大概也就在三四十岁之间，这可以通过观察胡须头发来确定。那些衰老比较迟缓的，一般都是比较长寿的人；那些急速衰老的，一般都是寿短的人。人的身体是不能不衰老的，先从身体上部衰老再到身体下部的人，一

般是多寿的人，因此古人把谢顶早看成是长寿的征兆；先从身体下面衰老再到身体上部的人，一般都是不长寿的人，因此胡须头发虽然依旧，但腿脚先软弱的人很难治愈。大体上家境也适用于这个道理。或兴盛或衰落或增加或减少，决没有什么中间的道理。就像一棵树上的花，开到最繁盛时，也就是其即将飘零落败的日子。多方加以保护，想顺其自然，还是害怕花开得过于快速，更何况是用人工增温方式来催促逼迫呢？京城温室里种植的花草，能将牡丹和各种桃花调到正月里开放，但所开的花力量不够，只开过一次以后，其根部和枝干就会枯萎：这就是自然界的规律，不能不认真地加以思考。我曾经观察草木的习性，也是依照天地的形状而变化的：梅花以冬天为春天，桃花李花以春天为春天，石榴和荷花以夏天为春天，而菊花、

顶为寿征_{长寿的征兆}；先从下而上者多不寿，故须发如故而脚软者难治。凡人家道_{家庭境遇}亦然，盛衰增减，决无中立之理。如一树之花，开到极盛，便是摇落之期。多方保护，顺其自然，犹恐其速开，况敢以火气_{用人工方式加高温度}催逼之乎？京师温室之花，能移牡丹、各色桃于正月，然花不尽其分量_{力量}，一开之后根干辄萎：此造化之机_{自然界的机巧}，不可不察也。尝观草木之性，亦随天地为圆转：梅以深冬为春，桃李以春为春，榴荷以夏为春，菊、

桂、芙蓉以秋为春。观其节枝含苞之处，浑然_{全然}天地造化之理，故曰：复，其见天地之心乎

语出《易经·复卦·象》。大意是：一阳来复，冬去春来，是大自然万物生生不息的本心。复，指复卦中的复，有返还之意！

桂花和芙蓉花则是以秋天为春天。观察它们树枝上那些含苞待放的地方，全然蕴含着自然界创造化育的道理。因此《易经·复卦·象》中说：一阳来复，看到了大自然万物生生不息的本心了！

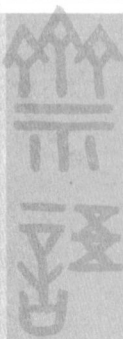

评析

张英此段文字意在提示我们：大自然的变化，是依照一定的规律来运转的。一如春夏秋冬四季的景物，随着寒暑易节各有不同，但是，每一年又都按照这个轨迹在运转。老子说："人法地，地法天，天法道，道法自然。"道家告诉我们要效法大自然。儒家也告诉我们要效法天地。天象虽远，人事上的诸多现象却往往是与天道相合的。人的生老病死，也就跟大自然的四季一样。人间事物亦是如此，凡事尽力做得圆融、圆通而已，绝难做得圆满。无论做人做事，都应顺应自然，尊重客观规律。

圃翁说：人们往往对于古人的片言只字，倍加珍惜如稀世珍宝。喜好之人甚至不惜要价千金。书法起笔落笔的神采，确实是非常宝贵的。然而，就我本人的看法，这只不过是古人书画诗文作品一时兴趣之所至罢了。如果是看古人一生的精神和见识，全在他们写的文集之中了，那些才是他们呕心沥血费尽心思的作品。就像白居易、苏东坡的数千首诗，陆游的八十五卷诗作那样。他们从年少至终老，其一生的仕宦经历、行迹所至、悲喜之情、忧乐之色，以至言谈笑貌、饮食起居、交际应酬，无一不寄托于这些诗文作品中。这些诗文比那些偶尔落笔的片言只语不是要珍贵近万

圃翁曰：人往往于古人片纸只字，珍如拱璧 合手拱抱的大璧。比喻极其珍贵之物。。其好之者，索价千金。观其落笔神彩，洵 xún。实在，真的 可宝矣。然自予观之，此特一时笔墨之趣 对于书画诗文作品的情趣 所寄耳。若古人终身精神识见，尽在其文集中，乃其呕心刿肺 劳心考虑，费尽心思。呕 ǒu，吐；刿 guì，刺，割 而出之者。如白香山、苏长公 苏轼 之诗数千首，陆放翁之诗八十五卷。其人自少至老，仕宦之所历，游迹之所至，悲喜之情，怫愉 抑郁和欢乐。怫 fú，形容忧愁或愤怒 之色，以至言貌謦欬 qīng kài。指代谈笑，饮食起居，交游酬酢 交际应酬。酢 zuò，应对，无一不寓其中。较之偶尔落笔，其可宝不且 将近 万倍

哉？予怪世人，于古人诗文集不知爱，而宝其片纸只字，为大惑也。

余昔在龙眠，苦于无客为伴。日则步屧^{步行。屧xiè，木板拖鞋}于空潭碧涧、长松茂竹之侧；夕则掩关^{闭门}读苏、陆诗。以二鼓为度，烧烛焚香煮茶，延^请两君子于坐，与之相对，如见其容貌须眉然。诗云："架头苏陆有遗书，特地携来共索居^{离开众人独自散处一方}。日与两君同卧起，人间何客得胜渠^{他，他们。代词}？"良非解嘲语也！

倍吗？我对这些人感到很不理解，他们不懂得珍爱古人的诗文集，而视古人的片言只字为宝贝，真让人大惑不解。

我之前住在龙眠山时，因无宾客做伴，白天就步行徜徉于松竹潭涧之间，晚上则闭门遍览苏轼、陆游诗书。一般都是在晚上二更时分，点上蜡烛燃起香火，煮好茶水，请苏、陆两位君子就座，与他们面对面闲谈，好似亲见两位大家的容貌、胡须、眉毛一样。我曾有诗云："架头苏陆有遗书，特地携来共索居。日与两君同卧起，人间何客得胜渠？"这确实不是自我解嘲！

评
析

　　张英教育子孙，读书不要
猎奇，古人片言只语，固然也可
珍惜，但是那不过是一时笔墨兴
趣所至。零星片段的文字，价
值自然不如系统全面的著作，
因此应该用心去阅读古人的文
集。读书不仅需要有目的、有
选择，还应当有一种正确的读
书态度与情趣。张英在此较为
深刻地指出了时人读书的一种
怪异现象：读书原本最为重要
的是书籍中或者作者所需要表
达的实际内容，而不是在文章
中列举的只字片语。文章中表
达出的精神，更是每位读者应
最珍视的宝贵财富，切勿以偏
概全。

圃翁曰：予尝言享山林之乐者，必具四者，而后能长享其乐，实有其乐。是以古今来不易觏（gòu。遇到，遇见）也。四者维何？曰道德，曰文章，曰经济（经营治理，经世济民），曰福命（福分与命运）。所谓道德者，性情不乖戾（guāi lì。不合情理。乖，不顺，不和谐；戾，违背，违反，不讲情理）、不溪刻（苛刻，刻薄）、不褊狭（biǎn xiá。度量狭隘。褊，衣服狭小，引申为狭隘；狭，窄）、不暴躁，不移情于纷华，不生嗔（chēn。发怒，生气）于冷暖。居家则肃雍（庄重平和，整齐和谐）简静，足以见信于妻孥；居乡则厚重谦和，足以取重（得到尊重）于邻里；居身（立身处世）则恬淡（恬静淡泊。恬 tián，安静，坦然）寡营（欲望少，不为个人钻营谋利），足以不愧于衾影（语出刘昼《刘子·慎独》："独立不惭影，独寝不愧衾。"后谓无丧德败行之事为"衾影无惭"。衾 qīn，大被）。

无忤（wǔ。不顺从，逆）于人，无羡于世，

圃翁说：我曾经说过，享受山水林木乐趣的人，必须具备四个条件，然后才能长久地享受这种乐趣，实实在在地获得这种乐趣。所以，自古迄今不易见到能享受山水林木乐趣的人。这四个条件是什么呢？即道德、文章、经济和福命。所谓道德是说，性格要合情理，不刻薄，不狭隘，不暴躁，不因外界的繁华盛丽而改变志向，也不为人情的冷暖而愤怒。在家里要庄重平和、简单安静，能够得到妻子和儿女的信任；在乡里要敦厚做事、谦和待人，能够得到乡邻的敬重；对自己立身处世来说，就是淡泊、不钻营，不做愧对良心的事情。不违逆他人，不羡慕世俗，不与别

人争执，不对自己有遗憾。这样天地就能准许他隐逸山林，鬼神也能认可他安享清福。没有本性与意欲颠倒的担忧，没有得失与转迁的困扰。这不是道德又是什么呢？

佳山秀水、茂林修竹，全靠我的性情见识来判定和感知。不然的话，第一次看到美景会喜爱，见过几次之后便会心生厌倦。或者吟咏古人的诗文，或者抒发自己心灵的感触，一字一句都可以流传千古，与自然默契于心而相对不语，也会领悟精妙的真谛。王维说的"行到水穷处，坐看云起时"，陶潜说的"登东皋以舒啸，临清流而赋诗"，绝对不是不通晓笔墨文章的人所能领略的境界。这不是文章是什么呢？

无争于人，无憾于己。然后天地容其隐逸，鬼神许其安享。无心意颠倒之病，无取舍转徙（辗转迁移。徙 xǐ，迁移）之烦。此非道德而何哉？

佳山胜水，茂林修竹，全恃（shì。依赖，仗着）我之性情识见取之。不然，一见而悦，数见而厌心生矣。或吟咏古人之篇章，或抒写性灵之所见，一字一句，便可千秋，相契（相合，投合。契 qì）无言，亦成妙谛（精妙之真谛。谛 dì，道理）。古人所谓："行到水穷处，坐看云起时。"（语出唐朝王维《终南别业》）又云："登东皋以舒啸，临清流而赋诗。"（语出陶潜《归去来兮辞》。东皋，水边向阳高地。也泛指田园、原野；舒啸，尽情歌唱）断非不解笔墨人所能领略。此非文章而何哉？

原文

夫茅亭草舍，皆有经纶（这里指建造布局）；菜垄瓜畦（qí。指田园中分成的小区），具见规画。一草一木，其布置亦有法度。淡泊而可免饥寒，徒步而不致委顿（疲困，衰弱）。良辰美景，而匏樽（páo zūn。同"匏尊"，用匏做的酒樽。泛指饮具。匏，葫芦的一种）不空；岁时伏腊（伏祭和腊祭之日。借指节日），而鸡豚可办。分花乞竹，不须多费，而自有雅人深致（意趣深远）；疏池结篱，不烦华侈，而皆能天然入画（进入画境。形容景物优美）。此非经济而何哉？

从来爱闲之人，类（皆、率、大体）不得闲；得闲之人，类不爱闲。公卿将相，时至则为之。独是山林清福，为造物之所深吝（爱惜）。试观宇宙间，几人解脱，书卷

导读

茅亭草屋，也有其建造布局；菜田瓜地，都有其规划安排。甚至一草一木，其布置也都合乎法度。家道清贫却可免除饥寒，徒步行走而不会疲乏狼狈。良辰美景，酒杯不会空着；每逢节日，有钱购买鸡鸭鱼肉。栽花种竹，不须多花费用，自然有意致深远的情趣；疏浚池塘，编结竹篱，不需华丽奢侈，就成为天然美景。这不是经济是什么？

自古以来，喜爱清闲之人，偏偏得不到清闲；拥有清闲之人，偏偏又不喜爱清闲。公卿将相之任，时机到了就可以承担。唯独享受山林清闲之福，造物主的给予特别吝惜。试看人世间，有几人能解脱功名包袱？书上所记载

的，也为数不多。不把贫困、得意、诽谤、赞美放在心上，名利不能驱使他，世情也不能束缚他。家有贤妻，就听不到互相埋怨责备的话；田地可供给日常生活之所需，就没有借米的苦楚。白居易所说的"事了心了"的境地，这不是福命是什么呢？

这四个条件如有一个不具备，就不能真正享受山林清闲之福。因此，整个世上具有聪明才智的人，也有理解不透彻的，大概了解山林乐趣，而毕竟不能亲身去领略，就是这个原因啊。

之中，亦不多得。置身在穷达毁誉之外，名利之所不能奔走，世味_{人世滋味，社会人情}之所不能缚束。室有莱妻_{春秋时期楚国老莱子之妻。后用作贤妻的代称。据汉代刘向《列女传·贤明》载：莱子逃世，耕于蒙山之阳，楚王遣使聘其出仕。其妻曰："妾闻之，可食以酒肉者，可随以鞭捶；可授以官禄者，可随以铁钺。今先生食人酒肉，受人官禄，为人所制也，能免于患乎？妾不能为人所制。"遂行不顾，至江南而止。铁fū，铡刀，又为斩人的刑具；钺yuè，兵器名。多用于仪仗，也用于砍杀}，而无交谪_{竞相谴责。谪zhé，谴责}之言；田有伏腊_{此指生活所需物资}，而无乞米之苦。白香山所谓"事了心了"，此非福命而何哉？

四者有一不具，不足以享山林清福。故举世聪明才智之士，非无一知半见，略知山林趣味，而究竟不能身入其中，职_惟此之故也。

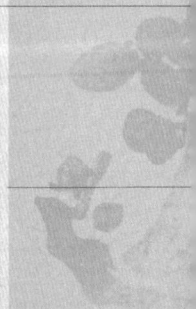

评析

张英认为：想要真正享受山林之乐，就必须同时具备道德、文章、经济、福命这四个条件。世上有许多聪明才智之人，并非全然不知山林之趣，却始终不能深入领略山林之趣，陶冶性情，就是因为缺少上述几个条件。

惡恐人知
便是大惡

惡恐人知
便是大惡

圃翁曰：予于归田之后，誓不著^穿缎，不食人参。夫古人至贵，犹^还服三浣之衣^{洗了多次的衣服。浣 huàn，洗涤衣物。}。缎之为物，不可洗、不可染，而其价六七倍于湖州绉紬^{zhòu chóu。一种有皱纹的丝织品。紬，古同"绸"，粗绸}与丝紬，佳者三四钱一尺，比于一疋^{pǐ。同"匹"}布之价。初时华丽可观，一沾灰油便色改而不可浣洗。况予素性^{本性}疏忽，于衣服不能整齐，最不爱华丽之服。归田后，惟著绒褐^{黄黑色会起毛的纺织品}、山茧^{用野蚕丝所织成的绸}、文布^{印染过的布。文，同"纹"}、湖紬，期于适体养性。冬则羔裘^{羊皮衣}，夏则蕉葛^{用蕉麻纤维织成的布}，一切珍裘细縠^{精细的纱绸。縠 hú，绉纱}，悉屏弃^{抛弃，舍弃，放弃}之，不使外物妨吾坐起也。老年奔走

圃翁说：我辞官还乡后，决不穿绸缎，不服用人参。古人中有尊贵地位的，还穿着洗过多次的衣服。缎这种东西，不能洗、不能染，但价钱却是湖州绉绸与丝绸的六七倍，好的三四钱银子一尺，相当于一匹布的价钱。起初华丽美观，一旦沾上灰尘和油渍，就会变色而且洗不干净。况且，我的本性一贯粗心大意，难以保持衣服整齐，又最不喜爱华丽的衣服。辞官回乡后，我只穿绒褐、山茧、文布、湖绸制成的衣服，希望合体且能颐养性情。冬天就穿小羊皮制的袍服，夏天就穿蕉麻布制的衣服，一切贵重的皮衣和精细的纱绸都不穿，不让外物妨碍我的行动。我到老年因忙于

应付事务，每天服食人参一二钱。细想我家乡的米价，一石也才四钱银子。今天服食人参的价钱等同或高于米价，这就是一个人占用了一百多人的口粮，还有比这更狠心的吗？有比这更奢侈的吗？人参的药用价值，原本只是为了治病，不得已而用它一时救急，用它来补续血气，却居然将它作为日常服食之物，这样行吗？不说财力不够，即使够也不该这样做，所以我深以此引为借鉴。如果能够蒙皇上恩准，遂我辞官还乡心愿，不穿绸缎、不服用人参这两件事我绝对会信守诺言。

应_{应对}事务，日服人参一二钱。细思吾乡米价，一石不过四钱。今日服参价如之_{相等}或倍之_{加倍}，是一人而兼_{同时占有}百余人糊口之具，忍_{狠心}孰甚焉？侈孰甚焉？夫药性原以治病，不得已而取效于旦夕，用是补续血气，乃竟以为日用寻常之物，可乎哉？无论物力不及，即及亦不当为，予故深以为戒。倘得邀恩遂初_{获得恩准，遂其初愿。这里指辞官隐居。遂，完成；初，本意}，此二事断然不渝_{yú。改变，违背}吾言也。

圃翁曰：古人美王司徒（指王导。字茂弘，小字阿龙。东晋时期政治家、书法家）之德，曰"门无杂宾"（家中没有杂七杂八的客人。意指不乱结交朋友）。此最有味。大约门下奔走之客，有损无益。主人以清正高简（清廉公正、高尚简单）安静为美，于彼何利焉？可以啖（dàn。利诱）之以利，可以动之以名，可以怵（chù。恐惧，害怕）之以利害，则欣动（引动）其主人。主人不可动，则诱其子弟，诱其僮仆。外探无稽之言，以荧惑（迷惑）其视听；内泄机密之语，以夸示其交游。甚且以伪为真，将无作有，以侥幸其语之或验，则从中而取利焉。或居要津（重要渡口。泛指水陆交通要道。此喻显要的地位）之位，或处权势之地，尤当远之益远也。又有挟术技以游者，

圃翁说：前人赞颂东晋大臣王导的品德，说"他家里没有杂乱的客人"。这句话最有意味。一般来说，家中有闲杂客人进出，有害而无益。主人把清正、廉洁、安静作为美德，这对钻营奔走的人来说能有什么利益呢？可用利益来引诱，可用声名来打动，可用利害关系来恐吓，就会引得主人动心。主人不受影响，就引诱他的后辈，引诱他的奴仆。从外面打探一些没有根据的传言，来迷惑主人；在内则故意泄露隐秘的话语，来炫耀他的交际广泛。甚至以假当真，无中生有，希望这些话侥幸应验了，便可从中捞取好处。居于要害部门的人，拥有很大权势的人，尤其应当尽量远离这些。还有依靠技能游说的人，

他们凭借其一门技艺来推荐自己，渐渐与官宦关系密切，因此乘机攀附，他本来的意思绝不是仅仅出卖他的技能啊。依靠技能游说的人，往往都是这样。所以，这类人中朴讷而不善言辞者、迂腐迟钝者，与其接触应更加谨慎；如果是狡猾伶俐、花言巧语、阿谀奉承，喜好惹是生非、行踪诡秘的，最好是不认识，不知道这种人的姓名。不要说："我行为端正，他怎么能迷惑我？我明察秋毫，他怎么能蒙蔽我！"恐怕时间长了，自己就会落入他的骗术中而走不出来了。

彼皆藉_{凭借}一艺以售其身_{推销自己}，渐与仕宦相亲密，而遂以乘机遘会_{攀附。遘 gòu，相遇}，其本念决不在专售其技也。挟术以游者，往往如此。故此辈之朴讷迂钝_{朴拙木讷，迂直驽钝}者，犹当慎其晋接_{交接}；若狡黠_{狡猾诡诈。黠 xiá，聪明而狡猾}便佞_{pián nìng。用花言巧语逢迎人。便，善于言辞，花言巧语；佞，用巧言奉承人，奸伪}，好生事端，踪迹诡密者，以不识其人，不知其姓名为善。勿曰："我持正，彼安能惑我？我明察，彼不能蔽我！"恐久之自堕其术中而不能出也。

圃翁曰：予性不爱观剧，在京师一席_{一张坐卧之席。此指一个座位}之费，动逾数十金，徒有应酬之劳，而无酣适_{畅快舒适}之趣。不若以其费济_{救济}困赈_{zhèn。救助}急，为人我利溥_{pǔ。广大}也。予六旬之期，老妻礼佛_{诵经、祈祷及供养佛像等活动}时，忽念诞日例当设梨园_{因唐玄宗时在梨园教习子弟学戏，故后以梨园代指戏班或戏剧演出场所}宴亲友，吾家既不为此，胡不将此费制绵衣袴_{棉质衣裤。袴kù，同"裤"}百领_{百件}，以施道路饥寒之人乎？次日为余言，笑而许之。予意欲归里时，仿陆梭山_{陆九韶，字子美，号梭山居士。南宋著名学者。梭suō}居家之法：以一岁之费分为十二股，一月用一分，每日于食用节省，月晦_{月尽之日。农历每月最后一天。晦huì}之日，则总一月

圃翁说：我生性不爱看戏，在京城看戏，一个座位的费用，动辄超过几十金。只有应酬的劳累，却没有畅快舒适的乐趣。不如用看戏的钱来救济那些需要帮助的人，这对别人和自己都有很大的益处。我六十岁生日那天，老伴在礼佛的时候，忽然寻思：生日时按照惯例应当设宴唱戏，招待亲朋好友，我家既然不这么做，为什么不将这笔费用制成一百套棉衣棉裤，施舍给路边那些饥寒交迫的人呢？第二天，妻子跟我说这事，我笑着同意了。我想将来辞官回乡的时候，就模仿南宋陆九韶持家的方法：把一年的费用，分成十二份，一个月用一份，每天在吃用上节省开支，月末就汇总一个月的节余，另外封存，

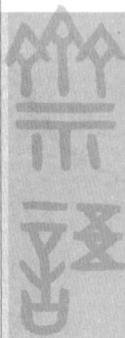

以便贫苦的人急需时能接济他们。能多做一两件善事，快乐就大大超过每天享受丰盛的酒宴了，只是要不断勉励自己这样做才行。

之所余，别作一封，以应贫寒之急。能多作好事一两件，其乐逾于日享大烹之奉_{丰盛的食物}多矣，但在勉力_{尽力}而行之。

评析　张英虽身居高位，但生活俭朴，从不讲究官场上的排场，愿意将自己的俸禄拿去接济穷人，其境界与品德值得称颂。

圃翁曰：移树之法，江南以惊蛰^{二十四节气之一。在每年的三月五、六或七日。此时气温上升，土地解冻，春雷始鸣，蛰伏过冬的动物开始惊动起来，故称。蛰zhé，指冬眠蛰伏的动物}前后半月为宜。大约从土掘出之根，最畏春风，故须用土裹密，用草包之，不宜见风，甚不宜于隔宿。所以吴门^{古吴县的别称。今指苏州，为春秋时期吴国故地}、建业^{南京。三国时期为孙吴都城，名建业}来卖花者，行千里，经一月而犹活，乃用金汁土^{用粪汁浇滤过的黄土}密护其根，不使露风^{暴露在风中之故}之故。近地移植，反不活者，不知此理之故也。其新生细白根，系生气所托，尤不当损。人但知深根固蒂^{使根基深固而不可动摇}，不知亦不宜太深。《种植书》谓加旧迹^{此指移植前根干露出土面的痕迹}一指，若太深则泥水伤树皮，

圃翁说：移植树木的方法，江南适宜在惊蛰前后半个月内移栽。大概从土里挖出来的树根最怕春风，所以必须用土包裹严密，用草包扎好，不让它暴露在风中，更不能到第二天才栽种。从苏州、建业过来卖花的人，走了千里路，花经历一个月仍然存活，就是采用粪土严密保护花根，不让花根暴露在风中的缘故。近距离移植反而不能存活，是因为不懂得这个道理。新生的细小白嫩树根，生气寄托在上面，更不应损伤。人们只知道深埋树根使树稳固，却不知道也不应埋得太深。《种植书》说在原来露出地面的痕迹上加一指头深，如果埋得太深，泥水就会伤害树皮，树肯定不会

茂盛了。凡是树，大约在开花时移植，那时树的精气血脉在枝叶上，容易成活，桂树尤其是这样，花已有花蕾，移植后大多数会开放，但这样最容易泄漏生气。所以移植后花开得太盛的树木多数不能成活，只有叶子茂密的树才会活。牡丹在秋天移栽，在春天则应摘尽花朵，如果稍稍舍不得，那么它的生气就会泄漏，树即使成活，也不茂盛，几年之后大都自行枯萎。树木孕育花朵很不容易，生气泄漏，根就会受伤。古人说："再次结果实的树木，它的根一定受伤。"人对于文章功名其道理也一样，不能不谨慎啊。

断然不茂矣。凡树，大约花时_{花期，花季}移，则彼精脉在枝叶，易活，于桂尤甚。花已有蓓蕾，移之多开，然此最泄气。故移树而花盛开者，多不活，惟叶茂则其树必活矣。牡丹移在秋，当春宜尽去其花，若少爱惜，则其气泄，树即活亦不茂，数年后多自萎。树之作花_{开花}甚不易，气泄则本_根伤。古人云："再实之木，其根必伤。"人之于文章功名也亦然，不可不审也。

张英喜爱植树，以此怡情。在这里他总结了移栽树木之法。古语云：十年树木，百年树人。他也是在用树木长成的过程，来比喻人才培养的艰难。种树有种树的时机，求学也有求学的时机。张英说，迁移树苗的时间，在江南以惊蛰前后最好。而读书求学的时间，应该自孩童时代做起。树根旁新生的细白根，是树木生长的气息所寄托，尤应特别加以保护，不可损坏。学生求学，尤要注意的也是在于基础的养护。

圃翁说：我少年时嗜好喝六安绿茶，中年时乐意喝武夷红茶，后来才品到岕茶的妙处。这三种茶可以终生爱好，其他茶就不用过问了。岕茶像恃才放达之士，武夷红茶如志行高洁之士，六安绿茶如草野质朴之士，都是年老后可以结交的"朋友"。六安绿茶特别保养脾胃，最适宜饱餐后喝。但我喜欢大量饮茶，整天手不离茶杯，应该有所节制啊。

圃翁曰：予少年嗜六安茶 安徽省六安出产的绿茶，中年饮武夷 指福建省武夷山区所出产之红茶 而甘，后乃知岕茶 茶名。产于浙江省长兴县罗岕山，故名。岕 jiè 之妙。此三种可以终老，其他不必问矣。岕茶如名士，武夷如高士，六安如野士，皆可为岁寒 喻年老之交。六安尤养脾，食饱最宜。但鄙性好多饮茶，终日不离瓯 ōu。杯碗，为宜节约 节制约束耳。

茶，在我国被列为"开门七件事"之一，自古以来，就是人们日常生活的组成部分。茶的品种很多，即便是同一品种，因季节、产地、制作工序，甚至冲泡方法等差异，都会显现出不同的品性。茶，有性平温和的，也有性寒凉爽的，喝茶也如饮食一样，都应该有所节制。

圃翁曰：《论语》《论语·尧曰》云："不知命，无以为君子。"考亭 朱熹。字元晦，又字仲晦，号晦庵，晚号晦翁，谥文公。宋朝理学家、思想家、哲学家、教育家、诗人。讲学之所名"考亭"，故人称考亭先生 注：不知命，则见利必趋，见害必避，而无以为君子。予少奉教于姚端恪公，服膺 衷心信奉 斯语，每遇疑难踌躇 chóu chú 犹豫不决 之事，辄依据此言，稍 逐渐 有把握。古人言"居易以俟命" 语出《礼记·中庸》。大意是：君子安于平凡，等候天命到临。俟 sì，等待 ，又言"行法以俟命" 语出《孟子·尽心下》。大意是：行为守法，等候天命到临 。人生祸福荣辱得丧，自有一定命数，确不可移。审 知道 此则利可趋，而有不必趋之利；害宜避，而有不能避之害。利害之见既除，而为君子之道始

圃翁说：《论语》讲："不知天命的人，就不可能成为君子。"

朱熹注解："不知天命，见到利益时就必然会上前，见到祸害就必然会躲避，因而没有可能成为君子。"我年少时从学于端恪公姚文然，由衷信服这句话，每次遇到疑难、犹豫不决的事情，就依照这句话去做，渐渐才有些把握。古人说"安于平凡，等待命运的安排"，又说"行为守法，以待天命"。人生的祸福荣辱得失，自有命中注定的定数，确实不能改变。明白这一点就知道利益可以获得，但也有不必获得的利益；祸害应躲避，但也有不能躲避的祸害。去除了利与害的成见，那么成为君子的方法才开始出现，

这个"为"字很有力量。既然知道利与害命定不能改变，就落得做个好人了。

面对有权有势的人，何必要与他对抗招来祸害？即使到难以顺从他的时候，也不能失去自己的主见。如果用谦逊平和的态度来推辞他，以委婉的方式来避让他，他也未必能害我。这也是命里注定的，不然，又怎么知道委屈顺从他的害处比不顺从他会更严重呢？如果我当州、县官，决不用官家的银子讨好上级官员，怎么知道用官家银子的祸害不比失去上级官员的欢心更厉害呢？

从前，米脂县令萧君，掘了李自成的祖坟，李自成攻克京城后，抓获萧君，扣押在军营中，欲杀之而后快。挟持到山西，用二十个人看守他。萧君晚上却逃

出，此"为"字甚有力。既知利害有一定，则落得做好人也。

权势之人，岂必与之相抗以取害？到难于相从处，亦要内不失己。果谦和以谢之，宛转以避之，彼亦未必决能祸我。此亦命数宜然，又安知委曲从彼之祸，不更烈于此也？使我为州县官，决不用官银媚上官，安知用官银之祸，不甚于上官之失欢_{失去别人的欢心}也？

昔者米脂_{今陕西米脂}令萧君，掘李贼_{指李自成。原名鸿基，小字黄来儿，又字枣儿。明末农民起义军领袖，自称闯王。崇祯十七年，陷京师。清兵入关后，战败死于九宫山}之祖坟，贼破京师后获萧君，置军中，欲甘心_{快意。指想要杀之而后快}焉。挟至山西，以二十人守之。萧君

夜遁 dùn。逃，后复为州守 指绥德州太守，自著《虎吻余生》记其事。李贼杀人数十万，究不能杀一萧君。生死有命，宁 难道，岂 不信然耶？

予官京师日久，每见人之数 命数 应为此官，而其时本无此一缺，有人焉竭力经营，干办停当 办理妥帖，而此人无端 无因由。无缘无故 值 遇到，逢着 之，或反为此人之所不欲，且滋诟詈 gòu lì。辱骂，责骂，如此者不一而足。此亦举世之人共知之，而当局则往往迷而不悟。其中之求速反迟，求得反失，彼人为此人而谋，此事因彼事而坏，颠倒错乱，不可究诘 深究追问，追究质疑。诘 jié，追问。人能将耳目闻见之事，平心体察，亦可消许多妄念也。

跑了，后来又当了州守，自己写了一篇《虎吻余生》记述这件事。李自成杀人几十万，最终不能杀死一个萧君，生死有命运的安排，难道能不相信吗？

我在京城做官时间长了，常见某人的定数应当做某官职，而当时本来没有这个官缺，有的人乃竭力钻营，办得也不错，而位置却被某人无缘无故得到，而某人反而不乐意此官位，而且滋生责骂。像这样的事往往很多。这也是世人都知道的，然而身处其中的人往往执迷不悟。其中追求快速反而延迟，追求得到反而失去，彼人的努力却成了替此人谋划，此事因彼事而失败，颠倒错乱，说不清原委。世人如能将平时听到和看到的事，静心体会，就可以消除许多虚妄的想法。

评
析

张英意在此强调天命是大自然的一种运行法则，人力是无法改变的。所谓"知天命"，就是知天理与人心的应合，凡事要顺天应人去做，切莫要强求硬取。命，是注定的；运，倒是可以随时空而改易、因人事而转变。所谓知人知己，更重要的是必须有"自知之明"，明白得与失其实是同时存在的，一切皆应随自然而运转，做到"尽人事，听天命"。

圃翁曰：人生适意_{称心合意}之事有三：曰贵、曰富、曰多子孙。然是三者，善处之则为福，不善处之则为累。至为累而求所谓福者，不可见矣。何则？高位者，责备_{以尽善尽美要求}之地，忌嫉之门，怨尤之府，利害之关，忧患之窟，劳苦之薮_{sǒu。指人或物聚集的地方}，谤讪_{bàng shàn。诽谤，诋毁}之的_{目标}，攻击之场。古之智人，往往望而却步。况有荣则必有辱，有得则必有失，有进则必有退，有亲则必有疏。若但计丘山_{比喻重大或多}之得，而不容铢两_{一铢一两。形容少。铢zhū，古代重量单位，二十四铢为一两}之失，天下安有此理？但己身无大谴过_{罪恶过错。谴qiǎn}，而外来者平淡视之，此处贵之

圃翁说：人生得意的事有三件：显贵、富裕、多子多孙。但这三者，处理得好就是福，处理得不好就成为牵累。到成为牵累再来追求所说的福，就不可能了。为什么呢？显贵的位置，是责备的处所，妒忌的门户，怨恨的宅府，利害的关口，忧患的洞窟，劳苦的渊薮，诽谤的目标，攻击的场所。古时候的聪明人，往往看到这些而停下脚步。况且有荣耀必然有羞辱，有得到必然就有失去，有前进必然有后退，有亲近必然有疏远。如果只计算得到众多，而不容许细微的失去，天下怎么会有这样的道理？只要自己没有大的过错，对外来的得失看得很

平淡，这是处高位的原则。

佛家把财物看成五家所共有的物品：一为国家，二为官吏，三为水火，四为盗贼，五为没有出息的子孙。人积聚了丰厚财物，就一定会筹划安排，出借收息，防护看守，其劳累无法说尽；就一定会有亲戚请求帮助、贫穷人的不满、奴仆的诈骗；大到盗贼的抢劫，小到穿壁翻墙的偷盗；经商的亏损，在路上行走的丢失，庄稼的受灾减产，抢夺家产时的争吵、打官司，子孙的浪费。这种种的苦，穷人不知道，唯独财产丰厚的人都有。人们能知道财富会带来劳累，那么获取的时候就应清廉，而没必要丰厚积聚招来怨恨；把财富看得平淡，而没必要嫉恨深重使心劳累。想想我

道也。

佛家以货财为五家公共之物：一曰国家，二曰官吏，三曰水火，四曰盗贼，五曰不肖子孙。夫人厚积_{积蓄丰厚}，则必经营布置，生息防守，其劳不可胜言；则必有亲戚之请求，贫穷之怨望，僮仆之奸骗；大而盗贼之劫取，小而穿窬_{yú。通"逾"，越过}之鼠窃；经商之亏折，行路之失脱，田禾之灾伤，攘_{rǎng。侵夺，窃取}之争讼_{因争论而诉讼}，子弟之浪费。种种之苦，贫者不知，惟富厚者兼而有之。人能知富之为累，则取之当廉，而不必厚积以招怨；视之当淡，而不必深忮_{zhì。嫉妒，贪求}以累心。

思我既有此财货，彼贫穷者不取我而取谁？不怨我而怨谁？平心息忿，庶 _{shù。但愿，或许} 不为外物所累。俭于居身，而裕 _{宽宏，宽容} 于待物；薄于取利，而谨于盖藏 _{指府库仓廪中储藏之物}，此处富之道也。

　　至子孙之累尤多矣！少小则有疾病之虑，稍长则有功名之虑，浮奢 _{轻浮奢侈} 不善治家之虑，纳交匪类之虑。一离膝下，则有道路寒暑饥渴之虑，以至由子而孙，展转无穷，更无底止。夫年寿既高，子息 _{子嗣} 蕃衍 _{fán yǎn。滋生繁殖}，焉能保其无疾病痛楚之事？贤愚不齐，升沉 _{际遇的幸与不幸} 各异，聚散无恒 _{持久}，忧乐自别。但当教之

既然有这么多财产，贫穷的人不拿我的财物拿谁的？不怨恨我而怨恨谁？平心静气，才不被外界的事物所劳累。生活节俭，而待人宽裕；取利微薄，而谨慎收藏，这是对待财富的原则。

　　至于子孙的牵累就更多了！年幼时就有生病的担心，稍大则有功名的思虑，有浮华奢侈不善于治理家产的担心，有结交坏朋友的担心。一旦离开父母身边，又有行路艰难冷热饥渴的担心，以致从儿子到孙子，无穷无尽，没有止境。年龄已老，子孙众多，怎么能保证子孙没有生病痛苦的事？子孙聪明愚笨不一，富贵贫贱各不相同，聚会分离没有定期，忧愁快乐各有区别。父母只应当

教导子孙孝顺、友爱，教导他谦虚、礼让，教导他树立品德，教导他读书，教导他选择朋友，教导他保养身体，教导他节俭，教导他治理家庭。子孙的成功、失败、聪明、迟钝，父母不必过分放在心上；子孙的聚合、分离、痛苦、欢乐，父母不必忧愁思虑以致成疾。只要自己为人不刻薄，后人应当没有财物悖出的祸患；自己没有明显的偏心，后人自然没有争夺家产的祸患；自己不贪婪，后人自然没有挥霍家产的祸患。至于上天安排的命运，天资不聪明，怀才不遇，无故得病，只要请好医生慎重调养治疗，请好老师严格教育，父母就尽到责任了，父母就尽了自己的爱心了。这是对待多子多孙的原则。

我常见世上的人，身处好的

孝友[事父母孝顺，对兄弟友爱]，教之谦让，教之立品，教之读书，教之择友，教之养身，教之俭用，教之作家[治家兴业]。其成败利钝[敏捷与迟钝]，父母不必过为萦心[旋绕在心。即操心]；聚散苦乐，父母不必忧戚成疾。但视己无甚刻薄，后人当无倍出[即"悖出"。指财物被用不正当手段夺去]之患；己无大偏私，后人自无攘夺之患；己无甚贪婪，后人自当无荡尽之患。至于天行之数[天命运数所在]，禀赋[天赋]之愚，有才而不遇，无因而致疾，延良医慎调治，延良师谨教训，父母之责尽矣！父母之心尽矣！此处多子孙之道也。

予每见世人处好境而郁郁

不快，动_{动辄，常常}多悔吝_{悔恨忧戚}，必皆此三者之故。由不明斯理，是以心褊见隘_{心胸窄小而见地狭隘}，未食其报_{报答}，先受其苦。能静体吾言，于扰扰_{形容纷乱的样子}之中存荧荧_{光闪烁的样子}之亮，岂非热火坑中一服清凉散，苦海波中一架八宝筏_{佛教用语。宝石装饰的船只。比喻引导众生到达彼岸的佛法。筏 fá，用竹木编成的渡水工具}哉？

境况却闷闷不乐，经常悔恨忧愁，必定都是上面三种原因所致。因为不明白这个道理，因此心胸狭窄，见识短浅，还没有享受回报，就先吃尽了苦头。如果能够静心体会我的话，在纷乱当中存一丝闪烁的亮光，难道不是热火坑中的一剂清凉散、苦海波浪中的一架八宝筏吗？

评析

　　自古以来，中国人相互祝福时，常言"子孙满堂""荣华富贵"。即便在今人世俗的观念中，我们也会常常美慕人家所谓的"五子登科"——有妻子、儿子、房子、车子、票子。当然，这些并不真正代表人生的成就和价值，大多当作茶余饭后的话题尚可，并不具任何示范意义。谋求财富的增长，本无可厚非，但在张英看来，土地房产有照顾之烦劳，金银珠宝有价物件有保管之费心，可谓有苦难言！唯有淡泊名利、居家节俭、乐善好施、宽厚待人，才能安身立命，享受人生之乐。张英以过来人的立场，娓娓道说他的经验，这对今天那些热衷于功名、贪求财富、过度为子孙的物质享受而操虑的人，实有当头棒喝的作用。

圃翁曰：予自四十六七以来，讲求安心之法，凡喜怒哀乐劳苦恐惧之事，只以五官四肢应之，中间有方寸之地_{指心}，常时空空洞洞、朗朗惺惺_{明白清醒的样子}，决不令之入，所以此地常觉宽绰洁净。予制为一城，将城门紧闭，时加防守，惟恐此数者阑入。亦有时贼势_{指喜怒哀乐劳苦恐惧之事所造成的困扰}甚锐，城门稍疏，彼间或_{有时候，偶尔}阑入。即时觉察，便驱之出城外，而牢闭城门，令此地仍宽绰洁净。十年来，渐觉阑入之时少，不甚用力驱逐。然城外不免纷扰，主人居其中，尚无浑忘_{全部忘却}天真之乐。倘得归田遂初，见山

圃翁说：我自四十六七岁以来，探求安顿心灵的办法，凡是喜悦、愤怒、哀伤、欢乐、劳累、苦恼、担忧、害怕的事，只用五官四肢去应付它们，胸中方寸之地，常常空空荡荡、明白清醒，决不让它们进入，所以心里常常觉得宽裕干净。我将心作为一座城，将城门关得紧紧的，时时加以防守，只怕这几件事擅自闯入。也有时贼人来势凶猛，城门稍有疏忽，他们往往就闯进来。我马上觉察，就将其赶出城外，而后关牢城门，让这个地方仍然宽裕干净。十年来，渐渐感觉擅入的时候少了，不是很需要用力驱赶。但城外仍免除不了扰乱，主人居住城中，还没有浑然忘我、复归天真的乐趣。倘若能够归田还乡，

遂了我当初的心愿，看见山的时候多，看见人的时候少，内心像清澈的水潭倒映天空，或许才差不多吧。

时多，见人时少，空潭_{澄澈的深渊}碧落_{天空}，或庶几_{差不多}矣。

评析　　此段文字强调，凡夫俗子在日常生活中，要逐步寻求适合自己的法门，解除一生背负的"盔甲""面具"，还自己的本来面目。孔子说"四十而不惑"，孟子说"四十而不动心"，即是指内心明朗如虚空，不居任何痴心妄想。此时，方寸之心有了真主人，就不会心猿意马，不放逸，自然得到安顿。

圃翁曰：予之立训，更无多言，止有四语：读书者不贱，守田者不饥，积德者不倾，择交者不败。尝将四语律身训子，亦不用烦言夥说琐碎而繁多的言论。夥 huǒ，盛多 矣。虽至寒苦之人，但能读书为文，必使人钦敬，不敢忽视。其人德性亦必温和，行事决不颠倒，不在功名之得失，遇合得到赏识之迟速也。守田之说，详于《恒产琐言》作者的另一部著作。积德之语，六经指《诗》《书》《礼》《易》《乐》《春秋》、语《论语》、孟《孟子》、诸史百家，无非阐发此义，不须赘 zhuì。多余说。择交之说，予目击身历，最为深切。此辈毒人，如鸩 zhèn。指毒酒之入口，蛇之螫 shì。刺

圃翁说：我立的训言，再没有什么多余的话，只有四句：读书的人不至卑贱，耕田的人不至饥饿，积累善行的人不至倾覆，慎重交友的人不至哀败。我曾用这四句话来约束自己教育子女，也不用多说碎语烦言了。即使是最穷困的人，只要能读书写文章，必定让人钦佩尊敬，不敢忽视他。这种人的性格也一定温和，做事决不错乱，不在意科举的得失以及得到赏识的快慢。关于种田的说法，详见《恒产琐言》。修身积德的话，儒家六经、《论语》《孟子》、各种史书、各个学派，无非都是阐发这含义，无须多说了。慎重交友的想法，是我亲眼看见、亲身经历的，所以最深刻，切合内心。交友不良，最为害人，比作喝鸩酒、被蛇咬一点都不错，

绝无解救之法，这尤其是四点中的总纲要领。我的话很平实，就像布帛粮食，可以穿，可以吃，重要在于切身体验罢了。

肤，<u>断断不易</u>_{断断,绝对}肯定无法改变。，决无解救之说，尤四者之纲领也。余言无奇，止布帛菽粟^{shū sù}_{类; 粟, 小米}菽,豆。，可衣可食，但在体验亲切耳。

评析 张英将留给子孙辈的家训内容最终归结为四条：即"读书者不贱，守田者不饥，积德者不倾，择交者不败"，简言之，即读书、持家、立德、交友。这是张英久历世事后的人生总结，可谓言简意赅，意味深长。中国人自古就有崇尚读书的传统，"学而优则仕""书中自有黄金屋，书中自有颜如玉"，显示出读书具有很强的功用性，但张英认为读书的作用又不限于这些，读书可以怡情养性，开阔人的胸襟，提升人的境界，读书之人方能做到"进退安雅，言谈有味"。最后，张英特别强调，要慎重交友，认为如果交友不慎，那比喝鸩酒、被蛇咬还要可怕。

下 卷

圃翁曰：人生必厚重沉静，而后为载福之器^{能够承受福德的人。}王、谢子弟^{指望族的子孙。王、谢，晋代王导、谢安两大家族，世代为官，延至南朝而不衰}席丰履厚^{形容家产丰足，生活优裕。席，座席。}田庐仆役，无一不具，且为人所敬礼，无有轻忽之者。视寒畯^{出身寒微而才能杰出的人。畯 jùn，通"俊"，才智出众，才智出众的人。}之士，终年授读，远离家室，唇燥吻枯，仅博束脩^{也作"束修"。古代入学拜师的礼物或酬金。脩 xiū，干肉，古时弟子用来送给老师做见面礼}数金，仰^{对上}事^{侍奉}俯育，咸^{皆，都}取诸^{相当于"之于"}此。应试则徒步而往，风雨泥淖^{nào。泥泞。}，一步三叹。凡此情形，皆汝辈所习见。仕宦子弟，则乘舆驱肥^{指肥壮的马。}即僮仆亦无徒行者，岂非福耶？乃与寒士一体^{一样}怨天尤人，争较锱铢^{zī zhù。比喻极细微的数量。锱，重量单位。六铢为一锱}

圃翁说：做人要品性敦厚、做事稳重，然后才能够成为承受福德的人。高门世族的子弟们家产丰足，生活优裕，田地房产佣人无一不有，并且被世俗人敬仰礼遇，没有轻视他们的人。看那些出身寒微而才智出众的读书人，整年给别人教书，终年在外奔波，累得口干舌燥也仅仅能挣取微薄的酬金，赡养父母、抚育子女全靠这些。如果出门应试只能徒步前往，风雨天气，道路泥泞，一步三叹。这些人艰苦的生活情境，都是你们常见熟悉的。富贵人家的子弟，乘车骑马，即便仆人也没有步行的，这难道不是一种福分吗？如果竟与贫寒之士一样怨天尤人，为细微的得失争吵，这

难道不是过错吗？

古人说："上天给了动物牙齿，就会除去它头上的角；给了禽类翅膀，就只给它留两只脚。"天地造物，不可能两全其美，你们既享受了丰足的家产、优裕的生活，又想什么事都能周到全面得到满足，拿天理来衡量，难道不是太难了？你们只有敦厚谦恭，言语谨慎，遵守礼节，不要像那些清贫之士一样感慨叹息，随意高谈阔论，怨天尤人，或许才不会被造物的鬼神们呵斥责备啊。况且上辈经营多年，才有田产别墅，自己却公事繁忙，不能安然享受。作为子孙，生下来就有上辈给予的福气，却又不愿安然享受，反而胡思乱想，放纵行为，难道不是很可惜吗？想尽到做儿子的责任，报答上辈的亲恩，得

得失，宁非过耶？

古人云："与之齿者去其角，与之翼者两其足。"天地造物，必无两全，汝辈既享席丰履厚之福，又思事事周全，揆_{kuí。衡量，揣测}诸天道，岂不诚难？惟有敦厚谦谨，慎言守礼，不可与寒士同一感慨欷歔_{xī xū。叹气}，放言高论，怨天尤人，庶不为造物鬼神所呵责也。况父祖经营多年，有田庐别业_{别墅}，身则劳于王事_{勤于政事}，不获_{不能，不得}安享。为子孙者，生而受其福，乃又不思安享而妄想妄行，宁不大可惜耶？思尽人子之责，报父祖之恩，致乡里之誉，贻_{yí。留下，遗留}后

人之泽，惟有四事：一曰立品，
二曰读书，三曰养身，四曰俭用。
世家子弟原是贵重，更得精金
美玉_{比喻纯良温和的人品}之品，言思可道，
行思可法，不骄盈，不诈伪，
不刻薄，不轻佻，则人之钦重_{敬重}
较三公_{古代高级官爵之名。历代各有不同。周朝指太师、太傅、太保，东汉指太尉、司徒、司空}
而更贵。

到邻里的赞誉，留给后辈恩泽，
只有做到四件事：一为树立好的
人品，二为读书，三为保养身体，
四为节俭。世代显贵人家的子弟，
本来就尊贵，再加上有优秀美好
的人品，所说的值得称道，所做
的值得效法，不骄满，不虚伪，
不刻薄，不轻浮，那么别人对你
的敬重比三公更加尊贵。

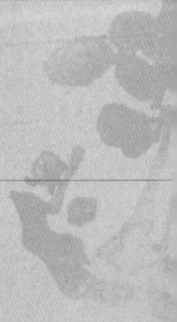

评析

张英意在提醒为人子女者，
今天能有比较优裕的物质享受，
完全是上一代或更上一代胼手胝
足所得，除了饮水思源、常怀感
恩之心外，更要珍惜福分，多帮
助别人。

我没能见到祖父光禄公恂所府君，常听家乡的人说起他的大德，同乡的人仰望他如同吉祥的麒麟凤凰。方伯公己酉年科举考试得中，家乡的人以之为荣，赠送对联说："张不张威，愿秉文，文名天下；盛有盛德，期可藩，藩屏王家。"直到今天家乡的人仍津津乐道。我的父亲光禄公拙庵府君，我得以侍奉他三十年，他一生从不言语急躁，神色慌乱。

予不及见祖父赠光禄公恂

所^{张英祖父张四维。字立甫，号恂所。张英官至大学士后，获封赠三代，其父、祖皆获赠光禄大夫}府君^{旧时对已故者的敬称}，每闻乡人言其厚德，邑人^{同乡之人。邑 yì，旧指县}仰之如祥麟威凤

麒麟和凤凰。古代传说是吉祥的禽兽，只有在太平盛世才能见到。后比喻非常难得的人才。麟，人称仁兽，圣人出则见。雄为麒，雌为麟；凤，鸟中之王，为祥瑞之兆。雄为凤，雌为凰。方伯公^{张秉文。字含之，号钟阳。累官至山东左布政使。明清时称布政使为方伯，故乡人称张氏为方伯公}己酉登科^{唐制，考中进士称及第，经吏部复试，取中后授予官职，方称登科。后代凡应试得中统称登科}，邑人荣之，赠以联曰：张不张威^{张扬其威}，

意谓表现其才能，愿秉文^{双关，既嵌张氏之名，又包含秉持文柄的祝愿。秉 bǐng}，文名^{因文章写得好而获得名声}天下；盛有盛德，期可藩^{fān。捍卫}，藩屏^{比喻屏障}王家^{犹王室，王朝、朝廷}。至今桑梓^{故乡。桑树和梓树是古代宅边常种的树，因以"桑梓"比喻家乡。梓 zǐ}以为美谈。父亲赠光禄公拙庵^{张英之父}

张秉彝。字孩之，号拙庵。因子张英贵，获赠光禄大夫，故称光禄公府君，予逮事^{来得及事奉。逮，及}三十年，生平无疾言

遽 jù。窘迫 色。居身节俭，待人宽厚。为介弟 诸弟，未尝以一事一言干谒 gān yè。有所求而请见。谒，拜见 州县，生平未尝呈送 向官府送人治罪 一人。见乡里煦煦 xù xù。和乐的样子 以和，所行隐德 不为人知的善行 甚多，从不向人索逋欠 拖欠的债务。逋 bū。以故三世皆祀于乡贤 此处指乡贤祠。明清时凡品行为地方所推崇者，死后由大吏题请祀于其乡，入乡贤祠。请主 牌位 入庙之日，里人莫不欣喜，道盛德之报，是亦何负于人哉！予行年六十有一，生平未尝送一人于捕厅 清代州县官署中的佐杂官，如吏目、典史等。因有缉捕之责，故称，令其呵谴之，更勿言笞责 拷打责罚。笞 chī，古代用竹板或荆条打人脊背或臀腿的刑罚。愿吾子孙终守此戒勿犯也。不足则断不可借债；有余则断不可放债。权 姑且，暂且 子母 犹言本利。子，利息；母，本钱 起

对自己很节俭，对待别人却很宽厚。从没有因为自家兄弟麻烦过州县一言一事，一生不曾向官府送过一人治罪。见到乡亲总是神色和悦，所做的不为人知的善事很多，从来不向别人索要拖欠的财物。因此祖上三代都在乡贤祠受人祭祀。请祖先牌位入乡贤祠的那天，邻里乡亲没有不高兴的，说大德必有大报答，怎么会亏待好人呢！我今年六十一岁，一生从没有将一人送给捕厅，让捕厅大声斥责他，更不用说拷打责罚了。希望我的子孙，始终遵守，不要触犯这条戒律啊。钱财不够时决不能借债；钱财多余时决不能放债。靠放贷生利息发家，只

有特别贫困的人才能稍微这样做，如果富贵的人家这样去做，只会积聚仇恨，助长奸邪。得罪别人，招致怨恨，没有比这更厉害的了。

家，惟至寒之士稍可，若富贵人家为之，敛怨养奸^{招致怨恨，纵容奸邪}。得罪招尤，莫此为甚。

评析

　　秉性忠厚，待人真诚，这是张英对后辈的谆谆教诲，也是他留给后辈最好的遗产。古语说得好，"传家有道惟存厚，处世无奇但率真"。想要待人宽厚，必得律己甚严；想要乐善好施，必得自奉甚俭。

乡里间，荷担负贩^{担挑肩扛的小商小贩}及佣工小人，切不可取其便宜。此种人所争不过数文，我辈视之甚轻，而彼之含怨甚重。每有愚人，见省得一文，以为得计，而不知此种人心忿^{内心愤懑不平。忿fèn，恨}口碑^{议论传扬}，所损实大也。待下我一等之人，言语辞气最为要紧。此事甚不费钱，然彼人受之，同于实惠，只在精神照料得来，不可惮烦^{怕麻烦。惮dàn，怕，畏惧}。《易》所谓劳谦^{语出《易经·谦卦》："劳谦君子，有终吉。"大意是：有功劳而仍能谦虚的君子，必有好结果}是也。予深知此理，然苦于性情疏懒，惮于趋承^{逢迎奉承}，故我惟

乡村里担挑肩扛的小商小贩以及被雇用的普通人，千万不要占他们的便宜。这些人所挣的不过是几文钱，我们对此看得很轻，而他们心里所含的怨恨很重。常有愚蠢的人，见到省下一文钱，自己很得意，而不知道那些人心里怨恨而四处议论，损失实际大得很啊。对待比我低一等的人，说话的语气，最为要紧。这事并不费钱，但他们接受起来，就跟得到实际的好处似的，只要精神照顾得过来，不能怕麻烦。这就是《易》所说的"劳谦"呀。我深深懂得这个道理，但苦于性情疏忽慵懒，不愿意奉承别人，所

思退处山泽，不要见人，庶少斯这，这个过，终日懔懔[lǐn lǐn。危惧的样子]耳。

以我只想退居山水之间，不与人见面，也许就会少犯这样的过错，免得整日忧惧不安了。

评析

　　劳心者与劳力者，在进步的社会生活中，只是有分工的不同，其地位应该是平等的。贩夫走卒即使斤斤计较于蝇头小利，但安分守己，自食其力，自有他们高贵的尊严。"万般皆下品，惟有读书高"，作为一句鼓励年轻人读书上进的话则可，如果拿来作为人品高低或身份贵贱的指标，则万万不可。

读书固所以取科名_{科举功名}、继家声_{家世声誉}，然亦使人敬重。今_{犹"若"，连词}见贫贱之士，果胸中淹博_{渊博，广博}，笔下氤氲_{yīn yūn。烟云弥漫的样子。此处比喻文章写得好}，则自然进退安雅，言谈有味。即使迂腐不通方_{变通，灵活}，亦可以教学授徒，为人师表。至举业_{指应科举考试}乃朝廷取士之具，三年开场大比_{科举时代称呼各省的乡试为大比}，专视此为优劣。人若举业高华秀美，则人不敢轻视。每见仕宦显赫之家，其老者或退或故，而其家索然_{离散零落的样子}者，其后无读书之人也；其家郁然_{兴盛美好的样子}者，其后有读书之人也。山有猛兽，则藜藿_{lí huò。野菜}为之不采；家有子弟，则强暴为之改容。岂止掇

读书固然是用来求取功名，继承家庭的名声，然而也会让别人尊重。若看到贫穷而出身低微的人果真胸中学问渊博，文笔出众，自然举止文雅，言谈有味。即使是迂腐不开通的读书人，也可以教授学生，做学问上的表率。至于科举是朝廷录取士人的手段，每三年开考场举行乡试，专门以考试的结果来分出优劣。如果谁的应试文章华丽秀美，那别人就不敢轻视。常见官宦显赫人家，其老一辈有的退位、有的去世后，家道就衰落，这是因为后辈中没有读书人；家道昌盛的，则是因为后辈中有读书人。山上有猛兽，就没有人敢上山采摘野菜；家里有读书的子弟，那么强暴的人也会为之和颜悦色。

这何止是做高官、光宗耀祖啊！我曾经说："读书的人不至卑贱。"这不是单单说科举考试成败的。

duō。拾取，摘取 **青紫** 汉制，丞相、太尉皆金印紫绶，御史大夫银印青绶。因此借"青紫"指高官显爵 、**荣宗祊** 宗庙，家庙。祊 bēng，宗庙门内设祭的地方 **而已哉？予尝有言曰："读书者不贱。"不专为场屋** 科举考试的地方，又名科场 **进退而言也。**

390 ⦿ 391

评析

张英告诉后人，读书的主要目的，固然是为了应付考试、求取功名，但是应付考试、求取功名，并不是读书的唯一目的。有人认定"取科名、继家声"是读书的唯一目的，那是错误的，扭曲了读书的真正意义。贫穷低下的读书人，如果能够达到学识渊博，下笔行文言之有物，那么他的行为举止，便自然能够进退有节，有如君子一般的安于正道，其话语也会富含深意趣味。所谓"腹有诗书气自华"，读书，不但能充实个人的知识，同时也能改变人的气质，修养人的品格。张英告诉我们，凡读书之人，即使不能适应官场沉浮不定的生活，至少还可以作一个传道授业解惑的老师，为培育优秀的下一代奉献心力。这还不值得敬重吗？所以他说："读书者不贱"，正是从修身养性的角度上来看的。

父母之爱子，第一望其康宁 健康平安，第二冀 jì。希望其成名，第三愿其保家。《语》《论语》曰："父母惟其疾之忧。"夫子 指孔子以此答武伯 孟武伯。姓仲孙，名彘，谥武。春秋时期鲁国大夫之问孝。至哉斯言！安其身以安父母之心，孝莫大焉。

父母疼爱子女，第一希望他健康平安，第二希望他成就功名，第三希望他保全家业。《论语》说："父母就担心子女生病。"孔夫子用这句话来回答武伯什么是孝的提问。真是非常有道理呀！保养好自己的身体，让父母安心，没有比这更大的孝了。

评
析

自古以来，一切仁父慈母的衷肠，一心念念所记挂的不是自己，而是子女。父母希望子女身体健康，因为健康是一切的基础，没有强健的身心，就谈不上事业的发展，也很难有幸福的家庭。所以，为了不让父母担忧，孝顺父母的第一步，就是要保养好自己的身体。《孝经》上所言："身体发肤，受之父母，不敢毁伤，孝之始也。"也正是这个意思。

保养身体的方法：一是欲望不要过多，一是饮食要节制，一是轻易不要发怒，一是冷热的时候要小心，一是考虑事情宜周到，一是不要过于烦恼、劳累。上述有一件做不到，就可能生病，从而给父母带来忧虑，怎么能不时时小心谨慎呢！

养身之道：一在谨嗜欲，一在慎饮食，一在慎忿怒，一在慎寒暑，一在慎思索，一在慎烦劳。有一于此，足以致病，以贻 yí。造成，招致 父母之忧，安得怎么可以 不时时谨凛 jǐn lǐn。谨慎戒惧 也！

张英从事亲以孝的角度，谈到如何养身，而养身又需要从多个方面加以注意，很值得今人借鉴。

吾贻子孙，不过瘠_{jí。土地不肥沃}田数处耳。且甚荒芜不治，水旱多虞_{yú。忧虑，忧患}，岁入之数，仅足以免饥寒畜_养妻子而已，一件儿戏事做不得，一件高兴事做不得。生平最喜陆梭山过日治家之法，以为先得我心，诚仿而行之，庶几无鬻_{yù。卖}产荡家之患。予有言曰："守田者不饥。"此二语足以长世_{历世久远，永存}，不在多言。

我留给子孙的，不过有几处薄田罢了。而且长满了野草没有整治，还常常担心水旱灾害，每年的收成，仅够温饱，养育妻子和子女，一件玩乐的事都做不得，一件随心所欲的事都做不得。我平生最喜欢陆梭山持家过日子的方法，认为最得我心了，诚心仿照去做，或许就没有倾家荡产的祸害了。我说过："耕田的人不至饥饿。"有上面说的两句话就足以延世，不再多说。

评析

张英重视耕读并举，认为"有恒产者有恒心""守田者不饥"。张氏一家在桐城广有田产，数代过着亦耕亦读亦官的生活，故训诫子孙无论如何要守住父祖留下的田产。

人年少时性格没有定型，每次遇到别人嫌弃他吝啬，嘲笑他不大方，讥笑他节俭，往往脸红发热。却不知道这最是好名声，别人肯用这来讥笑，也实在是好事，没有必要避讳。人生在世豪爽仗义、做事周到细密的好名声，最难名副其实。事事应允办理，有一件事做不到，就有怨恨；有一个人没有接济，就产生裂痕。如果一贯节俭，得到别人的谅解，可节省无数的财物，减少无数嫌疑和埋怨，不也很安适吗？

凡人少年，德性不定，每见人厌之曰悭 qián。吝啬，小气，笑之曰啬 sè。小气，诮 qiào。责备，嘲讽之曰俭，辄往往面发热。不知此最是美名，人肯以此诮之，亦最是美事，不必避讳 bì huì。回避。人生豪侠周密做事周到细密之名，至不易副符合，相称。事事应之，一事不应，遂生嫌怨怨恨，仇怨；一人不周，便存形迹指见外、见疑。若平素俭啬，见谅于人，省无穷物力，少无穷嫌怨，不亦至便乎？

交友之道并不是为了取悦别人，而刻意做自己力所不及，或者心不甘情不愿的事，这是不可取的。张英特别强调要从小处节俭。在他的两部家训里，都要求子孙仿行陆梭山的量入为出的持家之法。

立品、读书、养身、俭用这四种待人处事的道理，已基本具备了规模，其中关键而重要的，又在于交友。人二十岁左右，渐渐脱离了老师严格的教育，但又尚未跻身成年人的行列。这时知识大大增加，而性格没有定型，长辈和老师的教训听不进去，即使是妻子儿女的话也不听，只有朋友的话，像美酒一样甘甜，像兰草一样芬芳。倘若有一个坏朋友，混入他身边，早晚教唆影响，很少有人不被改变的。前面努力的四件事，于是荡然无存再也无法收拾。我少年时对这一点了解得最透彻。如果亲戚中现在有这样的人，就要少来往，没有必要亲密。如果是朋友，就应当把不认

四者 指立品、读书、养身、俭用 立身行已 处世待人，立身行事 之道，已有崖岸 本指山崖、堤岸。引申为规模。而其关键切要，则又在于择友。人生二十内外，渐远于师保 古时任辅弼帝王和教导王室子弟的官，有师有保，统称师保。后泛指老师 之严，未跻 jī。登，上升 于成人之列。此时知识大开，性情未定，父师之训不能入，即妻子之言亦不听，惟朋友之言，甘如醴 lǐ。甜酒 而芳若兰。脱 假使，倘若 有一淫朋匪友 诲淫诲盗的坏朋友，阑入其侧，朝夕浸灌 灌溉，灌输。此指教唆影响 ，鲜有不为其所移者。从前四事，遂荡然 毁坏，消失 而莫可收拾矣。此予幼年时知之最切。今亲戚中倘有此等之人，则踪迹 交往，往来 常令疏远，不必亲密。若朋友，则直以不

识其颜面，不知其姓名为善，比之毒草哑泉_{传说使人饮后失声的泉水}，更当远避。芸圃_{张茂稷。字子艺，号芸圃，清朝诗人}有诗云："于今道上揶揄_{yé yú。嘲弄}鬼，原是尊前_{酒樽之前。指宴席上}妩媚_{谄媚}人。"盖痛乎其言之矣。择友何以知其贤否？亦即前四件能行者为良友，不能行者为非良友。予暑中退休，稍有暇晷_{空闲的时间。晷 guǐ，日影。指代光阴，时间}，遂举胸中所欲言者，笔之于此。语虽无文，然三十余年涉履仕途，多逢险阻，人情物理_{事理}，知之颇熟，言之较亲。后人勿以予言为迂_{迂腐，不合事理}，而远于事情也。

识这个人、不知道他的姓名当作一件好事，比起毒草哑泉，躲得更要远一些。张芸圃有一首诗说："于今道上揶揄鬼，原是尊前妩媚人。"这样的话是很沉痛的啊！择友怎么判断他的好坏呢？也就是按前面四件事做的就是良友，不能按前面四件事做的就不是良友。我夏天的时候退隐在家休养，所以稍微有些闲暇时间，于是列举心中想说的话，把它们写下来。语言虽然缺乏文采，但我三十多年涉足官场，遇到无数次的艰难险阻，所以人情事理，都很熟悉，说起来比较亲切。后人不要认为我的话迂腐，因而疏远事理人情啊。

张英认为，立品、读书、养身、俭用这四件事，是处世待人和自己行事的基础，每个人都要从小就开始接触、学习、修炼，并且实行。人生二十岁左右，是成长的关键期。外表等生理特征，看起来像个大人，而内在思想等心理发展，却仍未成熟。父母的管束、师长的教诲，他们往往弃之不顾，根本不予理会。而同辈朋友的话，听起来却像喝甜酒、嗅香花。如果选对了朋友，则可能受用终生，助其迈向成功的坦途；如若不幸而没有选对朋友，则可能贻害无穷。所以，张英才一再训示子孙要慎重择友。

楷书如坐如立，行书如行，草书如奔。人之形貌虽不同，然未有倾斜跛侧为佳者。故作楷书，以端庄严肃为尚，然须去矜束拘迫^{拘谨束缚。矜jīn，拘谨}之态，而有雍容^{有威仪}和愉^{犹和悦}之象。斯晋书之所独擅也。分行布白^{书法上指安排布局字体结构及字、行间距的方法}，取乎匀净，然亦以自然为妙。《乐毅论》^{三国时期魏夏侯玄撰文，晋王羲之书。小楷法帖}如端人正直的人雅士^{高尚文雅的人}；《黄庭经》^{俗称《换鹅帖》。相传为晋王羲之书。小楷法帖}如碧落仙人；《东方朔像赞》^{又名《东方朔画像赞》。晋夏侯湛撰文，相传为晋王羲之书。唐颜真卿亦有同名书法作品。小楷法帖}如古贤前哲；《曹娥碑》^{王羲之书。小楷法帖}有孝女婉顺之容；《洛神赋》^{三国时期曹植撰文，有晋王献之书及元赵孟頫书两种。小楷法帖}有淑姿纤丽之态。盖各象其文，以为

楷书像人端坐、站立，行书像人行走，草书像人奔跑。人的容貌虽然各不相同，但没有人认为歪斜跛脚的人美。所以书写楷书，重要的是端庄严肃，但必须去掉做作、拘束的姿态，这样才有雍容大方、和蔼愉悦的气象。这是晋代书法独具擅长的特点。分行留白，在于匀称利落净，但也要自然大方才好。《乐毅论》像正人君子、文雅之士；《黄庭经》像天上的仙人；《东方朔像赞》像古代的贤人和哲人；《曹娥碑》有孝女温婉顺从的仪容；《洛神赋》有温柔的姿容、纤巧秀丽的体态。大概因为它们的字体就像

各自所书文章的风格，把表达文章的风格作为字体的宗旨，才称为有骨有肉。一行字之间，相互照应，像树木的枝叶繁茂纷披，又彼此相让；像水面的微波变幻出现，又前后相继有致。从来没有歪斜倾倒、互不照应、完全缺乏神采布局与笔画之间的生发相应而可以称为好书法的。细细玩赏《兰亭序》书帖，曲折生动，即使过去千年依然光彩照人；董其昌的书法无论大小或疏松、紧密，在字句之间，最有意趣。学习书法的人应当参考他们。

体要[体旨。指字体的主要特点]，有骨有肉。一行之间，自相顾盼，如树木之枝叶扶疏[枝叶繁茂纷披的样子]，而彼此相让；如流水之沦漪[lún yī。水中微波]杂见[xiàn。现]，而先后相承。未有偏斜倾侧，各不相顾，绝无神彩步伍[士兵操练队形。喻指书法布局]、连络[指笔画的衔接]映带[指笔画的呼应]，而可称佳书者。细玩《兰亭》[即《兰亭序》，又称《兰亭集序》。晋王羲之所书。行书法帖]，委蛇[wēi yí。绵延曲折]生动，千古如新；董文敏[董其昌。字玄宰，号思白、香光居士，谥文敏。明朝书画家]书，大小疏密，于寻行数墨[此指探求字里行间的书写与布局。寻行，一行行地读；数墨，一字字地读]之际最有趣致[情趣韵致]。学者当于此参之。

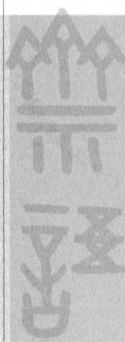

张英指出，楷书既然如人之端坐正立，自然以端庄严肃为佳，但又不宜太过端庄严肃，以免刻板呆滞。晋人书法最擅长的，就是在端庄严肃之中，不但没有拘束紧迫之感，反而有从容宽和之象，很值得后人学习效法。因此，学习书法，要从认识书法做起；认识书法，可以晋人书法为开端。

施惠無念

施惠无念

法昭禅师偈[佛经中的唱词]云："同气连枝[喻同胞的兄弟姐妹]各自荣，些些言语莫伤情。一回相见一回老，能得几时为弟兄。"词意蔼然[和气、和善的样子]，足以启人友于[兄弟的代称]之爱。然予尝谓人伦有五[人伦，指人与人之间的关系。五，指五伦，又称五常，即君臣有义、父子有亲、夫妇有别、长幼有序、朋友有信。语见《孟子·滕文公上》]，而兄弟相处之日最长。君臣之遇合[相遇而彼此投合]，朋友之会聚，久速固难必[肯定、确定]也。父之生子，妻之配夫，其早者皆以二十岁为率[lǜ。一定的标准或比率]。惟兄弟或一二年，或三四年，相继而生，自竹马[儿童游戏，以竹竿为马]游戏以至鲐背[谓老人背上生如鲐鱼之斑纹，为高寿征兆。鲐 tái，鲐鱼]鹤发，其相与周旋[往来应接]，多者至七八十年之久。若恩意浃洽[jiā qià。和谐，融洽]，

法昭禅师作偈说："同气连枝各自荣，些些言语莫伤情。一回相见一回老，能得几时为弟兄。"语意亲切和蔼，足以开启人们兄弟间的友爱。我曾说过在五种人伦关系中，兄弟间相处的时间最长。君王与臣子的相遇，朋友的聚会，时间的长短、快慢本来就难有定期。父母孩子，夫妻婚配，早一点的都在二十岁左右。只有兄弟或者一二年，或者三四年，相继出生，从儿童时玩竹马游戏，到年老时背驼发白，相处往来的时间，长的达七八十年之久。如果情意融洽，不产生隔阂，兄弟

相处的快乐怎么会有尽头呢？历史上距今近的有周益公，官至太傅退休。他的哥哥周必正先生，在将作监丞的职位上退休，两人年龄都有八十多，娱乐于诗、酒直到老死。章泉赵昌甫兄弟，也都隐居在玉山下，容颜苍老，头发花白，两人相从游玩在泉水和山石之间，年龄都将近九十了。真是人间最快乐的事，也是人间稀少的事啊！

猜间〔猜疑隔阂〕不生，其乐岂有涯哉？近时有周益公〔周必大。字子充，一字洪道。封益国公，故称周益公。南宋政治家、文学家〕，以太傅〔官名。古代三公（太师、太傅、太保）之一，位次于太师。周必大以观文殿大学士、益国公致仕，死后追赠太师，非太傅。此误〕退休。其兄乘成〔周必正。字子中。南宋诗人、书法家〕先生，以将作监丞〔中国古代官名。将作监，古代官署名，掌管宫室建筑〕退休，年皆八十，诗酒相娱者终其身。章泉赵昌甫兄弟，亦俱隐于玉山〔山名。即今陕西蓝田县蓝田山〕之下，苍颜华发，相从于泉石之间，皆年近九十。真人间至乐之事，亦人间罕有之事也。

评析

兄友弟恭的德行，常跟父慈子孝并列在家庭伦理中的重要纲目之中。而同胞兄弟阋墙的现象，在历史上也可谓常见。张英意在警示后世子孙，要相互和睦团结。

《论语》文字，如化工肖物（大自然刻画事物），简古浑沦（简洁古雅，浑然一体）而尽事情，平易含蕴而不费辞（词句冗长）。于《尚书》《毛诗》（指西汉时，鲁国人毛亨和赵国人毛苌所辑和注的古文《诗》，也就是现在流行于世的《诗经》）之外，别为一种。《大学》《中庸》之文，极闳阔精微（广大精深。闳hóng，宏大）而包罗万有；《孟子》则雄奇跌宕（文笔雄伟奇特，放逸不羁。宕dàng，放纵，不受约束），变幻洋溢（充分显示，流露）。秦汉以来，无有能此四种文字者。特以儒生习读而不察，遂不知其章法（指文章的组织结构）、字法（遣词造句）之妙也。当细心玩味（细细体味）之。

《论语》的文字，如同自然造物，简洁古朴、浑然一体而穷尽事情，语言平淡、含义深刻而不冗赘。在《尚书》《毛诗》之外，另成一种语言风格。《大学》《中庸》的文字，非常宏大广阔，精深微妙，而包含的内容极其详尽。《孟子》则是雄伟奇特，跌宕起伏，变化无穷。秦汉以后，没有谁能够写出这四种文字的书了。只因儒生经常诵读而不思索，于是就不知道这四种典籍的文章结构和遣词用字的高妙之处。应当细心把玩体会。

评析

张英认为，《论语》的笔法虽不尽一致，但思想却一脉贯通，有如造化刻画万物般的自然，言语简洁，意义却非常深远。《大学》《中庸》《孟子》也是广大精深，包罗万象。从秦汉以来，没有能同时专精这四种文体的，其中的佳作名篇常常被有心无意地忽略了，因而得不到其中应有的教益。因此，他特别提醒我们：切莫因为是平常熟习了的，就不屑再去深入探讨研究，反而应该更加仔细地去寻绎其中的深趣。

古人读《文选》又称《昭明文选》。是中国现存最早的一部诗文总集。选录了先秦至南朝梁代间700余篇各种体裁的文学作品。南朝萧统等选编。萧统死后谥昭明,故称而悟养生之理,得力于两句,曰:"石蕴玉而山辉,水涵珠而川媚。"语出晋陆机《文赋》。大意是:石藏美玉,山必有光;水涵明珠,川则美好 此真是至言至理至善之言。尝见兰蕙、芍药之蒂间,必有露珠一点,若此一点为虫蚁所食,则花萎矣。又见笋初出,当晓日出之时则必有露珠数颗在其末,日出则露复敛收,聚而归根,夕则复上,田间钱澄之。原名秉镫,字饮光,一字幼光,晚号田间老人、西顽道人。明朝文学家有诗云"夕看露颗上梢行"是也。若侵晓天渐明时,即拂晓入园,笋上无露珠,则不成竹,遂取而食之。稻上亦有露,夕现而朝敛。人之元气精神、精气,全在于此。故《文

古人阅读《昭明文选》,而领悟养生的道理,得力于两句话,即"石蕴玉而山辉,水涵珠而川媚",这真是至理名言。我曾见到兰花、芍药的花蕊间必定有一颗露珠,如果露珠被蚂蚁或虫子吸去,花就会枯萎。我又曾见过竹笋破土,日出之时,就必定有几颗露珠在笋的末端,太阳出来后露珠就又聚在一起归到根部,晚上就又出现,田间老人有诗云:"夕看露颗上梢行。"说的就是这个啊!如果在天刚亮时进入园中,看到笋上没有露珠,这笋就长不成竹子,就可以挖取来吃。稻子上也有露,晚上出现而早晨消失。人的精气,也全在这里。

选》二语，不可不时时体察，
得诀 固不在多矣！
júe。 窍门，
方法

所以《昭明文选》中的两句话，
不能不经常体会，诀窍本来就不
在多而在于有用啊！

评
析

　　荀子《劝学篇》中说："玉
在山而草木润，渊生珠而崖不
枯。"环境受人为的影响之大，
于此可见。包藏在山石堆中的璧
玉，蕴含在深河水里的美珠，或
者是早晨香兰上凝结的露珠，都
分别展示了山石的光，辉映了川
水的美，也具体呈现了植物的精
华魅力。这就犹如人的"德行"
之于陋室的影响。

世人只因不知命，不安命，生出许多劳扰劳苦困扰。圣贤明明说与曰"君子居易以俟命"语出《礼记·中庸》，又曰"君子行法以俟命"语出《孟子·尽心下》，又曰"修身以俟之"语出《孟子·尽心上》，"不知命无以为君子"语出《论语·尧曰》。因知之真，而后俟之安也。予历世故颇多，认此一字颇确。曾与韩慕庐韩菼。字元少，别号慕庐。清朝文学家宿斋古代指举行祭祀等礼仪前的斋戒天坛，深夜剧谈犹畅谈。慕庐谈当年乡会考明清两代，每三年一次在各省城举行的考试，叫作乡试，应试者为秀才，及第者称举人；每三年在京城礼部举行的考试，叫作会试，应试者为举人，及第者称贡士，头名即是会元时，乡试则有得售指考试得中之想，场中颇着意刻意，用心。着zhuó。至会试、殿试由皇帝在殿廷上对贡士亲自策问的考试，又称廷试，及第者称进士，则全无心而得会状会元和状元。会试场大

世上的人只因为不懂得天命，不接受命运的安排，所以产生许多劳苦困扰。圣贤明明对他们说"君子安于平易以等待命运的安排"，又说"君子修养身心以等待命运的安排"，"不懂得天命，就不能成为君子"。因为知道得真切，才能安然等待并接受它。我经历的事情很多，认为这个命字很准确。我曾经和韩慕庐在天坛值宿，深夜畅谈，慕庐说起当年乡试、会试的情景，乡试时有一定要考中的想法，在考场中很用心。到会试、殿试时，就全然是无心之中考中的。当时会试考场刮起大风，要把卷

子吹飞了，考场中的人都用镇纸压住考卷，独韩慕庐不管，祈祷说："如果应当考中就自然不会吹走。"也竟然没事。所以他的会试、殿试文章，都文笔流畅，没有刻意加工的痕迹。我对慕庐说："你两次摘取高第，当是何等的勇猛。这样的话对别人说，别人肯定不相信，唯独我相信。"

风，吹卷欲飞。号[此指考场]中人皆取石坚押，韩独无意。祝[祈祷]曰："若当中则自不吹去！"亦竟无恙。故其会试、殿试文皆游行自在[流利不拘，毫不勉强]，无斧凿[矫揉造作]痕。予谓慕庐："足下两掇巍科[犹取高第。掇duō，拾取；巍科，古代称科举考试名次在前者。巍wēi]，当是何如勇猛。以此言告人，人决不信，余独信之。"

评析

读书人既怀抱经世济民、匡扶天下的理想，当然要有才干，因此就必须奠定深厚的学问基础。俗语说："不怕人不请，只怕艺不精"，我们有了"可知"的才学、"所以立"的能力，也就可以"居易以俟命""人不知而不愠"了。"俟命"并非指在家里固守"礼贤下士""三顾茅庐"的机会，而是"相机而行"的意思。古语说："生死有命，富贵在天。"又说："谋事在人，成事在天。"只要竭尽自己的所能，至于成败得失、毁誉荣辱，则应淡然处之。

人生以择友为第一事。自就塾（shú。旧时私人设立的教学场所）以后，有室有家，渐远父母之教，初离师保之严。此时乍得友朋，投契（意气相投）缔交，其言甘如兰芷（兰草和白芷。皆为香草），甚至父母兄弟妻子之言，皆不听受，惟朋友之言是信。一有匪人（行为不正之人）侧于间，德性未定，识见未纯，鲜未有不为其移者，余见此屡矣。至仕宦之子弟尤甚，一入其彀中（箭能射及的范围。比喻掌握之中，圈套。彀 gòu），迷而不悟，脱（倘若，倘使）有尊长诚谕，反生嫌隙（隔阂，嫌隙），益滋乖张（指性情执拗、怪僻、偏执）。故余家训有云：保家莫如择友。盖痛心疾首其言之也。汝辈但于至戚中，观其德性谨厚，好

人生最重要的事是交友。自从到私塾读书后，到成立了家庭，渐渐远离父母的教诲，离开了老师的严格教导。这时刚结交了朋友，意气相投缔结友谊，朋友的话听起来芳香如同兰花，甚至父母、兄弟、妻子、儿女的话，都听不进去，只相信朋友的话。一旦有坏人在他身边，而自己的德行品性都没有定型，见解也不成熟，很少有不被坏朋友所改变的，这种情况我见得多了。官宦人家的子弟更为严重，一旦进入了坏人的圈套，迷惑而不知觉悟，倘若有长辈教导他，反而会产生隔阂，更加滋长性情的执拗。所以我的家训中说：要想保全家业，没有比择友更重要的。确实是伤心痛恨才这样说呀。你们只要在关系最近的亲戚中，看到品性谨

慎老实，喜欢读书的人，交两三个朋友就够了。况且家里有兄弟，相互可为老师和朋友，也不至于寂寞。就势利一点来说，你们衣食不愁，来交往的，难道都是来切磋道德文章的吗？平时交往就有酒食的花费开销，应酬的扰乱；一遇到婚丧嫁娶之事，缺少钱财，就有资助借贷的事；甚至遇到打官司、受别人欺侮，就又有为他说情救助他的事。平日里和他关系密切，有事时如果推却，他必然会产生怨恨而翻脸。所以我认为从一开始就应慎重呀。况且嬉戏玩乐、往来宴请，耗费精力，荒废正业，说话过多而滋生是非，种种弊端，没有限度。因此特地痛彻地加以发挥阐述。前人有言，

读书者，交友两三人足矣。况内有兄弟，互相师友，亦不至岑寂_{岑寂，孤独冷清。岑 cén，寂静，寂寞}。且势利言之，汝则温饱，来交者，岂能皆有文章道德之切劘_{切磋相正。劘 mó，削，切。引申为切磋、劝谏}？平居则有酒食之费，应酬之扰；一遇婚丧有无，则有资给_{资助，供给}称贷_{举债}之事；甚至有争讼_{相争而打官司。讼 sòng，争辩是非}外侮，则又有关说_{打通关节以进说}救援之事。平昔既与之契密，临事却之，必生怨毒反唇_{常指反对或对立。此作翻脸之意}，故余以为宜慎之于始也。况且嬉游征逐_{朋友往来繁密，相互宴请}，耗精神而荒正业，广言谈而滋是非，种种弊端，不可纪极_{限度，穷尽}。故特为痛切发挥之。昔人有戒：饭不

嚼便咽，路不看便走，话不想便说，事不思便做。洵xún。实在为格言。予益增加之曰："友不择便交，气不忍便动，财不审详究，考察便取，衣不慎便脱。"

要力戒：饭不嚼便咽，路不看便走，话不想便说，事不思便做。这确实能作格言。我补充要力戒：友不择便交，气不忍便动，财不审便取，衣不慎便脱。

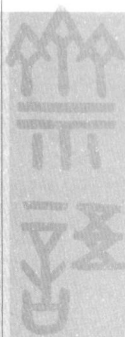

饭不嚼便咽，要噎着；路不看便走，易摔跤；话不想便说，会惹祸；事不思便做，能坏事；气不忍便动，常发怒；财不审便取，恐伤廉；衣不慎便脱，要着凉。这些道理，几乎尽人皆知。但是友不择便交的后果，确实有许多年轻人不明白。张英反复强调，关系人生成败最重要的一件事，便是选择交往的朋友。因为不经慎重选择而交上"损友"，不但会荒正业、滋是非、损时间、耗精神、伤身体、费金钱，甚至搞得身败名裂、前途隳坏，进而毁其一生。

学习书法应当专一，选择古人好书帖，或者今人的墨迹，与自己的笔法接近的，专心临摹。如果经常改换，见异思迁，很少有练成的。楷书像人坐姿端正，必须庄重宽裕，又要神采自然流畅。如果字的结构大小不均匀，而匆忙讲究流逸飘动，这是丢失了楷书的根本要点。你小楷可临摹《乐毅论》，前几天见到你写的《乐毅论》，有了很大的进步，现在应当专心临帖模仿。每天窗户明亮，几案干净，笔墨精良，用白奏本纸，临摹四五百字。也不需要写太多，只是功夫不能间断。纸要用墨线画成格子，古人最重视字的结构和布局，所以要整齐匀净。学书法忌讳字飞动潦草，大小不均匀，却妄言这是奇

学字当专一，择古人佳帖，或时人墨迹，与己笔路（笔法）相近者，专心学之。若朝更夕改，见异而迁，鲜有得成者。楷书如端坐，须庄严宽裕，而神彩自然掩映。若体格（诗文或字画的体裁格调，体制格局）不匀净，而遽讲（匆忙讲求。遽，急，仓促）流动，失其本矣。汝小字可学《乐毅论》。前见所写《乐毅论》，大有进步，今当一心临仿之。每日明窗净几，笔精墨良，以白奏本纸（臣工具疏。上奏朝廷时所用的纸），临四五百字。亦不须太多，但工夫不可间断。纸画乌丝格（用黑线画的格子），古人最重分行布白，故以整齐匀净为要。学字忌飞动草率，大小不匀，而妄

言奇古_{奇特古朴}磊落_{错落分明}，终无进步矣。行书亦宜专心一家。赵松雪_{赵孟頫。字子昂，号松雪道人。元朝著名书画家}佩玉垂绅_{指显贵庄重}，丰神清贵，而其原本则出于《圣教序》_{全名《大唐三藏圣教序》。唐太宗撰文，由怀仁从王羲之书法中集字刻制成碑文}《兰亭》，犹见晋人风度，不可訾议_{议论，指责。訾zǐ说人坏话}之也。汝作联字_{指联字行书}，亦颇有丰秀_{指书法敦厚清秀}之致。今专学松雪，亦可望其有进，但不可任意变迁耳。

特古拙，错落分明，最终是没有进步的。行书也应该专心学习一家，赵孟頫的书法作品，显贵庄重，丰仪神气、清朗高贵，而其本源，是出自《圣教序》《兰亭序》，其中还可以见到晋代人书法的风采，不能胡乱非议。你写的联字行书，也很有饱满秀美的风致。现专心学习赵孟頫的书法，可望有所长进，只是不能任意变更罢了。

学习写字跟读书、作文一样，都需要专心。专心学字的第一步，就是选择一种跟自己笔路相近的书体，或为古代的名帖，或是近人的佳作，专心临摹学习。学习书法通常要从正楷开始，因为正楷是练习一切书体的基础，犹如绘画里的素描、音乐中的视唱一般。正楷的特色是端庄、严肃、宽裕。张英要他的子弟晚辈，楷书选《乐毅论》，行书选元人赵孟頫的作品。因为赵孟頫书法高贵庄重、秀丽圆润、从容娴雅，都是从唐《圣教序》碑和晋《兰亭序》书帖中得其精髓而来。这一点是值得今人借鉴参考的。

时文（指八股文）以多作为主，则工拙（优劣）自知，才思自出，谿迳（xī jìng。小路。喻指作文路径。谿，同"溪"，山间的河沟；迳，同"径"，小路）自熟，气体（文章的气势和风格）自纯。读文不必多，择其精纯条畅（文章思路通畅而又条理分明），有气局（气势格局）词华者，多则百篇，少则六十篇，神明（精神和心思）与之浑化（融为一体），始为有益。若贪多务博（追求广博），过眼辄忘。及至作时，则彼此不相涉，落笔仍是故吾（过去的我。指文章没有什么变化）。所以思常窒而不灵，词常窘（jiǒng。穷困，贫乏）而不裕，意常枯而不润。记诵劳神，中（内心）无所得，则不熟不化（不能融会贯通）之病也。学者患此弊最多，故能得力于简，则极是要诀。古人言"简

科举应试的文章应该以多写为主，那么好坏自然知道，才气和思路自然会有，门径和方法自然熟练，文章的气势和风格自然纯一。阅读文章不要多，选择精美纯粹、思路通畅、条理分明，有气势格局，词句有文采的文章，多至一百篇，少则六十篇，自己的思想与它们浑然融化为一体，才有用处。如果贪图多读，追求广博，看了一会儿后就忘记了。等到写文章的时候，彼此不相关联，下笔仍然是老样子。所以思想常窒碍而不灵活，词语常常贫乏而不丰富，思维常常枯竭而不滋润。背诵文章劳累精神，自己却什么都没有得到，这是不熟悉不消化所阅读文章的毛病呀。学习的人犯这种错误最多，因此能得力于简洁，是最重要的诀窍。古人说"择其精要作为揣度观摩

的对象"，最是写文章的妙语，不要忽略而不觉察啊。

练以为揣摩" 语出《战国策·秦策一》，最是立言泛指写文章之妙，勿忽而不察也。

评析

张英认为，写文章有两个关键的环节：首先是要多写。多写之后，文章好坏自然知道，遇到题目，思路自然畅通，作法自然娴熟，作品自然纯净无瑕、气质高洁。其次是精读。选择文意精纯、条理通达、格局端正、语词华美的时文，仔细研读，促使自己的精神思想与它们完全融会贯通，这样自然能够把握时文的精华，掌握时文的写作方法与技巧。欧阳修就说过，为文有三多：看多、做多、商量多。"看多"是为取得写作的资料，这是充实内容的手段；"做多"是为了锻炼写作的方法，方法得当，才能把材料制作成赏心悦目的作品。唯有形式与内容的紧密结合，文章才能臻于完美的境地。而反复的商量、讨论、修改和润色就是"商量多"。张英所提出的读书三法：精选、读熟、善用，很值得我们借鉴。练习作文最好的方法，便是选择前人的佳作，深入研究，反复探讨，并加以融会贯通。

治家之道，谨肃为要。《易经·家人卦》，义理极完备，其曰："家人嗃嗃，悔厉，吉；妇子嘻嘻，终吝。" _{所引为"家人卦"九三爻辞。大意}是：家人相处以刚正为原则，虽过于严厉，但结果是好的；妇人孩子嬉笑玩闹，结果是不好的。嗃嗃 hè hè，严厉；嘻嘻，玩乐，随意；吝，悔恨 嗃嗃近于烦琐，然虽厉而终吉；嘻嘻流于纵轶 _{放纵逸乐。轶 yì，通"逸"，安闲逸乐。}，则始宽而终吝。余欲于居室自书一额，曰：惟肃乃雍 _{只有严肃整饬，才能达到和睦。雍，和，和谐。} 常以自警，亦愿吾子孙共守也。

人之居家立身，最不可好奇。一部《中庸》，本是极平淡，却是极神奇。人能于伦常 _{伦理规范} 无缺，起居动作、治家节用、待人接物，事事合于矩度 _{规矩，法度，}无有乖张，便是圣贤路上人，

治理家庭的方法，以慎重严肃为首。《易经·家人卦》阐述的道理非常完备，说："家人嗃嗃，悔厉，吉；妇子嘻嘻，终吝。"嗃嗃接近烦琐，虽然严苛，最终却是吉利；嘻嘻流于恣肆放荡，则会开始宽松而最终艰难。我想在屋室门上手书一幅匾额，叫"惟肃乃雍"，来经常警示自己，也希望我的子孙都能遵守。

持家立身，最不能追求奇特。一部《中庸》本来非常平淡，却又极其神奇。人们如果能够做到不缺少伦理道德，日常起居、治理家业、节俭用度、待人接物，事事符合规矩法度，没有背离，就是走在成为圣贤路上的人，难

道不是很神奇吗？如果行为怪异，说话偏激，明明是坦率浅显的道理，却要寻求奇特怪异之处，固守偏执、掩饰过错，认为这是不落俗套。实际上他们是"穷奇""梼杌"之类的凶人，怎能算是标新立异呢？粗布杂粮，始终是千年不变最美好的滋味，每天都不能缺少。为什么单单树立己身、规范行为却要违反这个道理呢？

岂不是至奇？若举动怪异，言语诡激^{怪异偏激，异于常情。诡 guǐ}，明明坦易^{坦率平易}道理，却自寻奇觅怪，守偏^{固守偏执}文过^{掩饰错误}，以为不坠恒境^{常套}。是穷奇、梼杌^{中国古代神话中有四大凶兽，分别是饕餮、混沌、穷奇和梼杌。饕餮 tāo tiè；梼杌 táo wù}之流，乌^{哪里。表疑问}足以表异^{表现出与众不同}哉？布帛菽粟，千古至味^{最美好的滋味}，朝夕不能离。何独至于立身制行^{约束行为}而反之也？

与人相交，一言一事，皆须有益于人，便是善人。余偶以忌辰_{忌日}著朝服_{上朝时所穿的官服}出门，巷口见一人，遥呼曰：今日是忌辰！余急易_{更换}之。虽不识其人，而心感之。如此等事，在彼无丝毫之损，而于人为有益。每谓同一禽鸟也，闻鸾凤_{鸾鸟与凤凰。古代传说中的吉祥之鸟。鸾 luán，鸟名。传说中凤凰的一种}之名则喜，闻鵁鶹_{jiāo liú。鸟名。形似猫头鹰，古代以为恶鸟，见之则不祥}之声则恶，以鸾凤能为人福，而鵁鶹能为人祸也。同一草木也，毒草则远避之，参苓_{人参与茯苓。皆中草药名，食之有益于健康。苓 líng}则共宝之，以毒草能鸩人，而参茯能益人也。人能处心积虑_{形容蓄谋已久。处心，存心；积虑，经过长时间思考}，一言一动，皆思益

与他人交往，一句话、一件事，都应该对他人有益，这样的人就是善人。我偶然有一次在忌日穿着朝服出门，在巷口见到一个人，远远地喊道："今天是忌辰！"我急忙换下朝服。虽然不认识那个人，但心里感激他。像这样的事，对他没有丝毫损害，而对别人却有好处。常言道，同样是禽鸟，人们听到鸾鸟和凤凰的名字就高兴，听到鵁鶹的声音就厌恶，因为鸾鸟和凤凰能给人带来福气，而鵁鶹能给人带来灾祸呀。同样是草木，人们对毒草就远远地避开，而把人参和茯苓当作宝贝，因为毒草能害人，而人参和茯苓能给人带来好处呀。人们如果能做到考虑问题、一言一行都

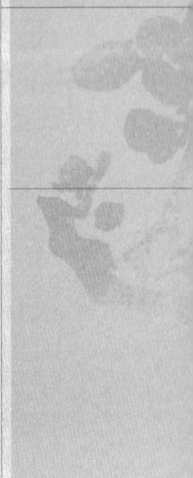

能想到对别人有好处，而坚决不做有损于人的事，那么人们就会将他看作鸾鸟和凤凰，视之如人参和茯苓一样的宝贝，他必定会得到天地的护佑，鬼神的佩服，而能享受很多的福分了。这个道理是显而易见的。

人，而痛戒损人，则人望之若鸾凤，宝之若参苓，必为天地之所佑，鬼神之所服，而享有多福矣。此理之最易见者也。

评析　　张英主张一言一行皆思有益于人。搬弄是非、论人长短，是谓"两舌"；指鹿为马、欺骗说谎，是谓"妄言"；花言巧语、荒腔走板，则是"绮语"。如何多积口德，少生口舌之祸，是我们人生修行路上的一件重要事情。所谓"心直口快如果成为口无遮拦"，则其缺点就占据主要成分了。张英意在警示后辈，要时时注意不要恶语伤人，不能妄言滋事。

凡读书，二十岁以前所读之书，与二十岁以后所读之书迥异。少年知识未开，天真纯固〔单纯专一〕，所读者虽久不温习，偶尔提起，尚可数行成诵。若壮年所读，经月则忘，必不能持久。故六经、秦汉之文，词语古奥〔古雅奥博，不易理解〕，必须幼年读。长壮后虽倍蓰〔数倍。倍，一倍；蓰 xǐ，五倍〕其功，终属影响〔影子和回音。比喻不实〕。自八岁至二十岁中间，岁月无多，安可荒弃？或读不急之书？此时，时文固不可不读，亦须择典雅醇正〔文章有根底，高雅不俗，纯正不杂〕，理纯词裕，可历二三十年无弊者读之。若朝华夕落，浅陋无识，诡僻〔荒谬邪僻。僻 pì〕失体，取悦一时者，安可以珠玉难

大凡读书，二十岁以前读的书，与二十岁以后读的书差别很大。少年时智慧和见识还没有开启，单纯专一，读过的书，虽然长时间不温习，偶尔提起来，还是可以背诵几行。若是壮年读的书，过了一个月就忘记了，必定不能长久记得。因此六经、秦汉的文章，词语古拙深奥，必须在年纪幼小的时候读。成年后，虽然加倍用功，终归像影子和回声一样不扎实。从八岁到二十岁，中间时光不多，怎么能荒废呢？或者用来阅读不必急着读的书呢？这个时候，科举应试的文章固然不能不读，但也必须挑选典雅纯正、道理精纯、词语丰富、虽历经二三十年仍没有弊病的文章阅读。有的文章如同早晨开放的花朵，晚上就凋谢了，浅薄无知，险怪违常，只能取悦一时，怎么能用珍珠美玉都

难以换到的光阴去读这些没有益处的文章呢？不如背诵一二篇《左传》《国语》中的文章，以及几篇典雅高贵、文采华美的两汉文章，成为终生受用的珍宝。

而且更令人惊异的是，幼年入学时，父亲和老师一定要他阅读《诗》《书》《易》《左传》《礼记》、两汉辞赋和唐宋八大家的文章。到十八九岁，写八股文，应付科举考试时，就把这些都束之高阁，放在一边，一点不温习。这和不知道摸取衣服里所藏的珍珠，却去向路人讨水喝有什么区别呢？而且幼年时诵读经书，本来是为了到壮年时能扩充自己的才智，追寻古人的智慧，使自己的才识不贫

换之岁月而读此无益之文？何如诵得左《左传》、国《国语》一两篇，及东西汉典贵典雅高贵华腴丰美有光彩。腴yú，丰厚之文数篇，为终身受用之宝乎？

且更可异者，幼龄入学之时，其父师必令其读《诗》《诗经》《书》《尚书》《易》《易经》《左传》《礼记》亦称《小戴礼记》或《小戴记》。是战国至秦汉年间儒家学者解释《仪礼》的文章选集。相传为西汉戴圣编纂。儒家经典著作、两汉两汉辞赋、八家文指唐代韩愈、柳宗元，宋代欧阳修、王安石、曾巩、苏洵、苏轼、苏辙共八大名家所写的文章。及十八九，作制义即八股文应科举时，便束之高阁，全不温习。此何异衣中之珠，不知探取，而向涂人路人，陌生人乞浆索要茶水乎？且幼年之所以读经书，本为壮年扩充才智，驱驾驾马驱驰，指追赶古人，使

不寒俭形容诗文、才识等浅陋、单薄，如蓄钱待用者然。乃不知寻味其义蕴，而弁髦biàn máo。比喻无用的东西。弁，古代男子戴的黑色布帽；髦，孩童额前垂发。古代男子行加冠礼，先用黑布帽把垂发束好，三次加冠后就丢弃不用了弃之，岂不大相剌谬là miù。违背。剌，违背常情乎？

我愿汝曹汝辈，你们。多用于长辈称呼后辈将平昔已读经书，视之如拱璧，一月之内，必加温习。古人之书安可尽读？但我所已读者，决不可轻弃。得尺则尺，得寸则寸。毋贪多，毋贪名。但读得一篇，必求可以背诵，然后思通其义蕴，而运用之于手腕之下。如此，则才气自然发越显露。若曾读此书，而全不能举其词，谓之画饼充饥；能举其词而不能运

乏单薄，就像存钱准备将来使用一样。但现在却不知道体味这些经典文章蕴含的意思，而将其视为无用之物丢弃，难道不是很矛盾荒谬吗？

我希望你们将平时已经读过的经书，看作稀世之物，一个月之内务必要加以温习。古人的书怎么能够读完，但我已经读过的书，决不能轻易丢弃。得到一尺就是一尺，得到一寸就是一寸。不贪多，不贪虚名。只要读过一篇，一定要求可以背诵，然后弄懂它蕴含的意思，并运用到写文章时，这样的话，才气自然就会显露。如果曾经读过这本书，然而全然不能举出它的词句，这叫作画饼充饥，徒有虚名；能举出文章的词句，而不能灵活地运用，

这叫作吃了不能消化。二者与腹中空空、才疏学浅没有什么不同。你们在这一点上，应该猛然省察。

用，谓之食物不化。二者其去枵腹_{空腹。比喻空疏无学。枵 xiāo，大树中空的样子。引申为空虚}无异。汝辈于此，极宜猛省。

评析　　读书需要有目的性及一定的选择性。在张英看来，二十岁前后所读的书，也应该有所区别。在古代，二十岁是所谓"弱冠"之年，人生发展到了一个重要的阶段。二十岁以前，记忆力强，应该多读像六经、先秦两汉时代那种词语古奥的文章，即使并不太了解其中的意义也不要紧。因为这个时候读书，主要的目的是积累知识，以便为日后发展打下基础。二十岁之后，正是参加科举考试的年龄，这个时候所读的书，自然要偏重与考试有关的内容，如"四书"和时文。与"六经"和秦汉古文相比，这些课程当然比较浅显易懂。所以读书不光要求背诵，更得讲求理解和应用才行。张英在此给予了读书人最为直接的读书方法指导，确实可受用终身。

凡物之殊异者，必有光华_{光芒}发越于外。况文章为荣世之业，士子进身_{入仕做官}之具乎？非有光彩，安能动人？闱_{wéi，科举时代对考场、试院的称谓}中之文，得以数言概之，曰：理明词畅，气足机圆。要当知棘闱_{科举时代对考场、试院的别称。旧日试院围墙皆插棘，故称棘闱。棘jí}之文，与窗稿房行书_{窗稿，旧指私塾中学生习作的诗文；房，指房稿，明清进士平日所做的八股文选集，又称房书；行书，举人所做的八股文选本}不同之处。且南闱_{明清科举称江南乡试为南闱，顺天乡试为北闱}之文，又与他省不同处。此则可以意会，难以言传。惟平心下气，细看南闱墨卷_{科举制度中，试卷名目之一。明、清两代，乡试和会试场内试卷，应试人用墨笔书写，称为墨卷。此指刻录的取中士人的试卷}，将自得之。即最低下墨卷，彼亦自有得手_{得心应手，运用自如}，亦不可忽。此事最渺茫。古称射虱者，

凡是特殊奇异的东西，必然有光芒散发到外面。何况文章是荣耀一世的事业，是读书人入仕上进的工具呢？没有光彩，文章怎么能打动别人？科场中的文章，要用几句话来概括，即为：道理明白，词句通畅，气势饱满，构思完整。应当知道科举考试的文章，与读书、工作时所写的文章有不相同的地方。而且江南乡试的文章，又有与其他省不相同的地方。这就只能心领神会，难以用言语来说清楚。只有平心静气，仔细阅读科举考试的墨卷，自然就能领会。即使是最不好的墨卷，也有作者最得心应手的地方，也不能忽视。品味文章的事最玄妙难言。古代有射虱子的人，看虱

子大如车轮，然后一箭就能射穿虱子。现在如果能区分文章的风格，找出其截然不同之处，应当就差不多了。

视虱如车轮，然后一发而贯^{典出《列子·汤问》中《纪昌学射》：纪昌用箭射虱子，在飞卫的指导下，经过练习，虱子在他眼中变得如车轮般大，纪昌一箭射向虱子，箭从虱子正中穿过}。今能分别气味_{风格}品味截然不同，当庶几矣。

评析　张英此段文字告诉我们，无论是科场应试作文，还是日常学习做文章，专心一致与恒心毅力，都是走向成功的必经之路。

汝曹兄弟叔侄，自来岁_{来年}正月为始，每三六九日一会，作文一篇，一月可得九篇，不疏_{稀少不}数_{shuò。多次、屡次}，但不可间断，不可草草_{马虎，不细致}塞责_{敷衍了事}。一题入手，先讲求书理_{文理}极透澈，然后布格遣词，须语语有着落_{落到实处}。勿作影响语_{空话，不切实际而没有意义的话}，勿作艰涩_{晦涩难懂}语，勿作累赘语，勿作雷同语。凡文中鲜亮出色之句，谓之调，调有高卑。疏密相间、繁简得宜处，谓之格。此等处最宜理会。

深悯_{mǐn。同情}人读时文，累千累百而不知理会，于身心毫无裨益。夫能理会，则数十篇百篇已足，焉用如此之多？不

你们兄弟叔侄，从明年正月开始，每逢三六九日聚会一次，写一篇文章，一个月就有九篇，不少不多，但是不能中断，不能马虎应付。一道题目拿在手上，先把文章所说的道理弄得极其透彻，然后布置文章的结构和遣词造句，必须每一句话都有落脚点。不写空泛的话，不写晦涩难懂的话，不写多余的话，不写雷同的话。凡是文章中鲜明出色的句子，称为调，调有高低之分。文章布局稀疏与紧密相间隔，繁复与简洁相适宜，称为格。这样的地方应该多加理解、体会。

我非常同情有些人读应试文章，读了成百上千篇却不知道领会，对身心毫无益处。如果能领会，那么几十篇上百篇已经足够了，哪里需要读这么多的文章？

不能领会，那么读几千篇文章，和不读一个字一样，白白地使精神昏乱。到拿笔写文章的时候，依旧不知道怎么办，不过是用自己的老一套来应付，怎么会有明晓的道理、精妙的言论、优美的词句汇聚在笔下呢？所谓的领会是说，读一篇文章就要先看整篇文章的格，再品味其中某一部分的格；要注意整篇文章的写作顺序，对题旨的阐述发挥，前后立意的深浅，文辞格调的华美。文章诵读得越熟，品味得就越精深。有与这篇文章相似的题目，也有不相类似的题目，那怎样去推广扩充？像这样的话，读一篇文章就有一篇的收益，又何多读，又怎么能多读呢？

常见你们读了大量的应试文章，问记得多少却不能列举文章的词句；问理解如何却不能说出

能理会，则读数千篇，与不读一字等，徒使精神瞆乱〔瞆kuì，同"愦"〕〔昏乱〕。临文捉笔，依旧茫然，不过胸中旧套〔老方法〕应副〔应付〕，安有名理精论〔著名的道理，精辟的论断〕、佳词妙句奔汇于笔端乎？所谓理会者，读一篇则先看其一篇之格，再味其一股之格；出落〔出句与落句。本指诗的首句与末句，此指写作全文之意〕之次第，讲题之发挥，前后竖义〔立义〕之浅深，词调之华美。诵之极其熟，味之极其精。有与此等相类之题，有不相类之题，如何推广扩充？如此读一篇有一篇之益，又何必多，又何能多乎？

每见汝曹读时文成帙〔形容其多。帙zhì，卷册〕，问之不能举其词，叩〔问〕之不

能言其义。粗者不能，况其精者乎？自诳（kuáng。欺骗）乎，诳人乎？此绝不可解者，汝曹试静思之，亦不可解也。以后当力除此等之习。读文必期有用，不然宁可不读。古人有言，读生文不如玩（研讨，反复体会）熟文。必以我之精神，包乎此一篇之外；以我之心思，入乎此一篇之中。噫嘻！此岂易言哉？汝曹能如此用功，则笔下自然充裕，无补缉（修补）、寒涩（艰涩不流畅）、支离（分散无条理）、冗泛（泛泛，一般）、草率（粗糙简略）之态。汝每月寄所作九首来京，我看一会两会，则汝曹之用心不用心，务外不务外，了然矣。

文章的意思。粗浅的文章你们都没有掌握，何况精微的文章呢？这到底是欺骗自己，还是欺骗别人？这是我绝对想不通的，你们平心静气地想一想，也会觉得不可理解。从此后应当尽力改掉这样的习惯。读文章必定要有用处，否则宁可不读。古人说过，读陌生的文章不如细细体味熟悉的文章。一定要用我的精神，涵盖到这篇文章以外的内容；让我的思想，进入到这篇文章当中。啊呀！这难道是说那么容易吗？你们能照这样用功读书，那么所写的文章自然充实、丰裕，没有修补拼凑、生涩不畅、支离破碎、泛泛浅浮、粗糙简略的毛病。你每月将所写的九篇文章寄到京城，我看一回两回，那么你们写文章时用心不用心，有没有将心思用在别的地方，就很清楚了。

写文章决不能叫人代写，这是世家子弟最大的坏习惯。写文章要求工整细致，不可歪斜不齐，随意涂改，这对卷面影响很大。你们无法当面听到我的教诲，每天将这封信展开读一次，应当有心得体会。你们年轻时应当专心攻读科举之业，作为立身的根本。诗暂时没有必要写，或者偶尔写一写也可以。至于词则绝对不能写。我一生从没有写过词，也不多看。苏轼、辛弃疾的词尚有豪迈的气概，其他人的词则柔弱颓废，怎么能接触这样的东西呢？

作文决不可使人代写，此最是大家子弟陋习。写文要工致工整细致，不可错落涂抹文字排列不规则，随意涂改，所关于色泽指卷面整洁不小也。汝曹不能面奉教言，每日展此一次，当有心会心中领会。幼年当专攻举业，以为立身根本。诗且暂时不必作，或可偶一为之。至诗余词的别称则断不可作。余生平未尝为此，亦不多看。苏苏东坡、辛辛弃疾。字幼安，号稼轩。南宋爱国词人尚有豪气豪迈的气概，余则靡靡mǐ mǐ。柔弱，，何可近？

张英说，选读应试文章不必求多，多而不知"理会"，等于"不读一字"，毫无意义。什么是"理会"？就是懂得分析文章的形式与内容。读一篇文章时，先看它全篇的"格"，再认它各段的"调"，然后认识它写作的顺序、题旨的发挥、立意的浅深和语言的华美，最后才将它读得滚瓜烂熟，以便从中萃取精华。张英强调说："读文必期有用，不然宁可不读。"有的人读文章，全不讲究用处，尽管成千累百的狼吞虎咽，篇篇皆如蜻蜓点水般，连表面的语词都弄不清楚，更不用谈解析文章的精义了。"读书贵有新得，作文贵有新意"，读书是作文的基础功夫，只有多读好书，才可能把作文写好。如果读书不能纯熟运化，临到作文时，只觉眼前茫然、心中空白，只好因陋就简，随便找个旧套应付。如此陈陈相因，笔下便只有支离破碎的结构，浮泛浅薄的文句，以及空洞草率的文义。

受恩莫忘

受恩莫忘

余久历世途人生道路，日在纷扰、荣辱、劳苦、忧患之中，静念解脱之法，成此八章。自谓于人情物理、消息消长，增减盈虚盈满或虚空，略得其大意。醉醒卧起，作息往来，不过如此而已。顾不过以年增衰老，无田自适悠然闲适而自得其乐。二十余年来，小斋仅可容膝。寒则温室拥杂花，暑则垂帘对高槐，所自适于天壤间者，止此耳。求所谓烟霞林壑山林泉谷之趣，则仅托于梦想，形诸篇咏诗文，皆非实境也。辛巳春分前一日，积雪初融，霁色雨雪后晴朗的天色。霁jì，雨雪停止，天放晴回暖，为三郎廷璐张廷璐。字宝臣，号药斋。张英第三子，累官至礼部侍郎。工诗文书此，远

我经历世事很久，每天处在纷乱、荣辱、劳苦、忧患当中，静心思考解脱的方法，写成这八篇文章。我认为自己对于人情世故、事物常理的消长满亏，略微知道大意。不过就是酒醉、酒醒、睡觉、劳作、休息、来来往往罢了。不过因为随着年龄的增长，一天天衰老，尚无田地让自己舒心享受。二十多年来，住的房子十分狭窄。冬天就待在房间里，看看种植的杂花杂草；夏天就放下帘子，享受高大槐树的阴凉，我在天地间自得其乐的仅这些罢了。追求所谓烟云彩霞、山林泉谷的乐趣，就只能仅仅寄托于梦想和诗文之中，都不是实际的境界啊。辛巳年春分前一天，积雪开始融化，天气晴朗回暖，我为三儿子

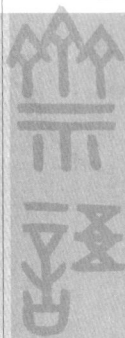

廷璐写下这些，寄到很远的江南老家，也让他知道父亲规劝改正偏颇的气质、浏览天地造化的道理。有这样的一些知识，应当不至于埋没自己本有的良好心性。

寄江乡[江南水乡。桐城地近长江，素有水乡泽国之称]，亦可知翁针砭[指出错误，劝人改正。砭biān，古代治病的石头针]气质之偏[偏差不正的气质]，流览[浏览，大略地看]造物之理。有此一知半见，当不至于汩没[埋没，淹没。汩gǔ]本来[指人本有的心性]耳。

评析

张英久历宦海浮沉，积累下来的是心灵智慧的结晶，人情世故的经验。这些无价的传家宝，有时可以写成厚厚的回忆录，有时却可能精简浓缩成一二句话。"传家有道惟存厚，处世无奇但率真"，其中的"存厚、率真"正是作者经过数十年的深刻体悟而来的。年过花甲之后，张英阅人处事都有相当多的历练，在物质生活上只图简单自适，并不追求财富丰厚。至于山林野趣、花木虫鱼的意趣，也不必太过勉强，更多是寄托于梦境与诗文之中。

古称仕宦之家，如再实之木，其根必伤〔语出《文子·符言》。大意是：一年之内两度结实的树，它的根部必定损伤。〕旨〔滋味纯美〕哉斯言，可为深鉴。世家子弟，其修行立名之难，较寒士百倍。何以故？人之当面待之者，万不能如寒士之古道〔指源于古代的信实淳厚的道德风尚〕。小有失检，谁肯面斥其非？微有骄盈，谁肯深规其过？幼而骄惯，为亲戚之所优容〔宽容〕；长而习成，为朋友之所谅恕〔原谅宽恕〕。至于利交〔以营谋私利为目的的交往〕而谄〔谄媚〕，相诱以为非；势交〔以攀附权势为目的的交往〕而谀〔阿谀奉承〕，相倚而作慝〔作恶。慝 tè，恶，邪恶〕者，又无论矣。

人之背后称之者，万不能如寒士之直道〔实话实说〕。或偶誉其

古人说官宦人家，像两度结果的树木，它的根必然受到损害。这句话确实有道理，可以深以为借鉴。世代显贵人家的子弟，修养品行、树立名声的难度，比贫寒子弟要难百倍。为什么呢？因为别人当面对待他，绝对不可能像对待贫寒子弟那样诚实厚道。有些小小的过失，谁肯当面斥责他不对？稍微有些骄横傲慢，谁肯恳切规劝他的过错？幼小时娇惯，被亲戚优待宽容；长大后养成了习惯，为朋友谅解宽恕。至于那些因为利益而交往的人，谄媚巴结，引诱世家子弟做坏事；因为世家子弟的权势而交往，阿谀奉承，相互依靠作恶的人，就更不用说了。

别人背后称赞世家子弟，绝对不可能像对贫寒子弟那样直率。

有时偶尔称赞世家子弟的才学人品，但又担心别人嘲笑他奉承；有时内心欣赏世家子弟的文章，却又怀疑别人鄙薄他势利。更有甚者故意寻找毛病，指摘世家子弟的过失，以此博取自己名高声洁；将诋毁侮辱其子孙，讥笑世家子弟的先辈，作为痛快的事。至于想谋求利益没有得逞，仇隙就容易随着世家的贫富变化而产生；想依仗权势没有如愿，怨恨就随着世家的荣衰而显现的人，更不用说了。

所以富贵人家的子弟，别人当面对待他们总是宽容，而背后责备他们总是严厉，像这样的话，怎么知道他们的过失，而显露他们的名誉呢？所以世家子弟，谨慎周到像贫寒子弟，节俭朴素像贫寒子弟，谦虚小心像贫寒子弟，读书勤苦像贫寒子弟，善待规劝

才品，而虑人笑其逢迎；或心赏其文章，而疑人鄙其势利。甚至吹毛索瘢_{吹毛求疵。比喻刻意挑剔他人过失或缺点。瘢 bān，疮痕}，指摘其过失而以为名高；批枝伤根_{意谓攻击其子孙，伤害其祖先}，讪笑其前人而以为痛快。至于求利不得，而嫌隙易生于有无；依势不能，而怨毒相形于荣悴_{喻人世的盛衰。悴 cuì，衰弱}者，又无论矣。

故富贵子弟，人之当面待之也恒恕，而背后责之也恒深，如此则何由知其过失，而显其名誉乎？故世家子弟，其谨饬_{谨慎。饬 chì，谨慎，恭敬}如寒士，其俭素_{俭省朴素}如寒士，其谦冲_{谦虚}小心如寒士，其读书勤苦如寒士，其乐闻规

劝如寒士，如此则自视亦已足矣，而不知人之称之者，尚不能如寒士。必也谨饬倍于寒士，俭素倍于寒士，谦冲小心倍于寒士，读书勤苦倍于寒士，乐闻规劝倍于寒士，然后人之视之也，仅得与寒士等。今人稍稍能谨饬俭素，谦下勤苦，人不见称 [称赞我]，则曰"世道不古" [社会道德风尚不淳朴]，"世家子弟难做"，此未深明于人情物理之故者也。

我愿汝曹常以席丰履盛为可危可虑、难处难全之地，勿以为可喜可幸、易安易逸之地。人有非之责之者，遇之不以礼者，则平心和气，思所处之时

像贫寒子弟，这样自己认为已经足够了，却不知道别人对他的称赞，还不如对贫寒子弟的称赞。必须比贫寒子弟加倍谨慎周到，加倍节俭朴素，加倍谦虚小心，加倍刻苦读书，加倍善待规劝，这样别人看待他，仅能够与贫寒子弟相同。如今的人们稍微能做到谨慎周到，谦虚刻苦，不被别人称赞，就说"社会风尚不淳朴""世家子弟不好做"，这是没有深刻懂得人之常情、事物常理的缘故啊。

我希望你们常把丰衣足食的富贵生活视作危险、忧虑、难以相处保全的境地，而不要当作值得高兴、庆幸、容易安逸的地方。有非难、责备我的人，有相遇时不以礼相待的人，要心平气和，想一想当时所处的情况，他施加

于我的行为就应该这样，原本就不过分。即便我做的都十分对，没有一丝一毫的过失，对方的行为还是可以谅解的，何况自己怎么可能全对呢？

势，彼之施于我者，应该如此，原非过当。即我所行十分全是，无一毫非理，彼尚在可恕，况我岂能全是乎？

评析

张英意在警示后辈，身为世家子弟，日常生活中的任何言谈举止，总是会被大众所注目。由于其身份特殊，一般人与他们交往就很难直来直去，甚至避之唯恐不及，总是怕稍有差池会惹来无穷麻烦。相反地，也有一些逢迎巴结之人，则希望从他们身上捞取好处，极尽谄媚阿谀。因此，世家子弟必须时刻要注意谨言慎行，并在许多方面付出超出常人数倍的努力。

古人有言："终身让路，不失尺寸。"老氏老子。姓李名耳，字老聃。春秋时期哲学家、思想家。道家学派创始人 以让为宝，左氏 左丘明。春秋时期史家、学者与思想家。著有《春秋左氏传》 曰："让，德之本也。"处里闬 里门。乡里。闬hàn 之间，信世俗之言，不过曰"渐不可长" 把事态控制在开端，不过曰"后将更甚"，是大不然。人孰无天理良心、是非公道？揆之天道 天理，天意，有满损虚益 语出《尚书·大禹谟》："满招损，谦受益，时乃天道。"大意是：骄傲自满会招来损害，谦虚会使人得到益处，这是自然规律。 之义；揆之鬼神，有亏盈福谦 语出《周易·谦·象》："天道亏盈而益谦，地道变盈而流谦，鬼神害盈而福谦，人道恶盈而好谦。"大意是：天的规律是亏损盈满补益谦虚，地的规律是变易盈满充实谦虚，鬼神的规律是危害盈满施福谦虚，人类的规律是憎恶盈满爱好谦虚。 之理。自古只闻忍与让足以消无穷之灾悔 灾祸，未闻忍与让翻 反而 以酿后来之祸患也。欲行忍让之道，

古人有句话说："终身给别人让路，没有一丝一毫的损失。"老子以谦让为宝。左丘明说："让，是德的根本啊。"在家乡与邻里相处，相信世俗的话，不过说"苗头不可助长"，不过说"以后将更严重"。这是很不对的。人谁没有天理良心和是非公正的观念？用天道来衡量，有满招损、谦受益的道理；用鬼神来衡量，有傲慢导致毁灭、谦虚带来福气的道理。自古以来只听说过忍和让能够消除无穷的灾难，没有听说过忍和让，反而酿成了后来的祸害。想依照忍让的道理行事，必须先

从小事做起。我曾在刑部代理了五十天的公务，看到天下大的诉讼、大的案件，大多起因于非常小的事情。君子谨小慎微，任何事都从小处了结。我活了五十多岁，一生没有多受小人的侮辱，只有一个好办法，那就是能够及早避让罢了。我常想天下的事情，如果能受小气，就不至于受大气，吃得下小亏，就不至于吃大亏，这是我一生中得到助力的地方。任何事最好不要想着占便宜，孔子说："放于利而行，多怨。"便宜，是天下的人都要去争夺的东西。我一人占有了便宜，那么怨恨就会集中在我一人身上了；我不占便宜，那么众人对我的怨恨就消失了。所以终身不占便宜，其实是终身得到便宜啊。

先须从小事做起。余曾署^{代理}刑部事五十日，见天下大讼大狱，多从极小事起。君子敬小慎微，凡事从小处了。余行年五十余，生平未尝多受小人之侮，只有一善策，能转弯^{避让}早耳。每思天下事，受得小气，则不至于受大气，吃得小亏，则不至于吃大亏，此生平得力之处。凡事最不可想占便宜，子曰："放于利而行，多怨。"语出《论语·里仁》。

大意是：依据个人的利益行动，会招致很多的怨恨。放，依照 便宜者，天下人之所共争也。我一人据之，则怨萃_{cuì。聚集}于我矣；我失便宜，则众怨消矣。故终身失便宜，乃终身得便宜也。

俗话说："忍一时风平浪静，退一步海阔天空。"人世间的得失总是相对的，得失之间，祸福相依，"失之东隅，收之桑榆"。张英意在提示后人，要正确看待得失与祸福。

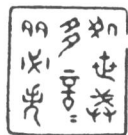

處　多　多
世　言　必
戒　言　失

处　多　多
世　言　必
戒　言　失

汝曹席_{凭借，享有}前人之资，不忧饥寒，居有室庐，使有臧获_{称奴婢}，养有田畴，读书有精舍_{学舍}，良不易得。其有游荡非僻_{闲游放荡，邪恶不正}，结交淫朋匪友，以致倾家败业，路人指为笑谈，亲戚为之浩叹者，汝曹见之闻之，不待余言也。其有立身醇谨_{敦厚谨慎}，老成俭朴，择人而友，闭户读书，名日美而业日成，乡里指为令器_{优秀的人才}，父兄期其远大者，汝曹见之闻之，不待余言也。二者何去何从，何得何失；何芳如芝兰，何臭如腐草；何祥如麟凤，何妖如鸱鹠，又岂俟予言哉？

你们凭借了前辈的财产，不用担心饥寒，有房屋供居住，有奴婢供驱使，有田地供生活，有学舍供读书，有这些确实不容易。那些游荡邪恶、结交坏朋友以致倾家荡产、家业败落、遭路人讥笑，让亲朋惋惜的人，你们见到过，听说过，不用我说了。那些言行醇正谨慎，老练成熟，节俭朴素，择友而交，闭门读书，名声一天天好起来，事业一天天有成就，乡邻认为他们是优秀的人才，父兄期望他前程远大的人，你们见到过，听说过，不用我说了。二者中应远离哪一个，追随哪一个，哪一个是得，哪一个是失；哪一个芬芳如同芝兰，哪一个恶臭如同烂草；哪一个吉祥如同麒麟凤凰，哪一个邪恶如同鸱鹠，难道还用得着我说吗？

评析

官宦人家的子弟如何立身处世，而不致身败名裂、家道衰落，无疑是张英朝夕记挂于心的。因此，他对后辈谆谆告诫、反复叮咛的，依然还是读书、立德、持家、择友几方面。俗语有"穷人孩子早当家""富不过三代"之说，对照今天不少"富二代""官二代"的蜕化堕落之状，张英所言实乃深谋远虑！

汝辈今皆年富力强，饱食温衣，血气未定，岂能无所嗜好？古人云："凡人欲饮酒博弈^{指赌博}，一切嬉戏之事，必皆觅伴侣为之。独读快意书、对佳山水，可以独自怡悦。凡声色货利^{歌舞、女色、钱财、私利。泛指一切奢侈、庸俗的事物}，一切嗜欲之事，好之有乐则必有苦，惟读书与对佳山水，止有乐而无苦。"今架有藏书，离城数里有佳山水，汝曹与其狎^{xiá。亲近}无益之友，听无益之谈，赴无益之应酬，曷若^{不如。曷，同"何"}珍重难得之岁月，纵^{尽情}读难得之诗书，快对难得之山水乎！

你们现在都年富力强，吃得饱穿得暖，血气没有稳定，不可能没有什么爱好。古人说："凡是人想喝酒、赌博，做一切游戏娱乐的事，都必然要寻找伙伴一起去玩。只有阅读使心情畅快的书籍，欣赏美丽的山水，可以独自一个人享受愉快。凡是歌舞、女色、钱财、私利，一切人们喜欢的事，爱好它有快乐就必然有痛苦，唯独读书与欣赏山水，只有快乐而没有痛苦。"如今书架上有藏书，离城几里有美丽的山水，你们与其亲近没有益处的朋友，听没有益处的言谈，赴没有益处的应酬，还不如珍惜难得的岁月，尽情阅读难得的诗书，畅快地欣赏难得的山水呢！

评
析
　　张英在家训中反复告诫子孙，人生在世，务必秉持良好的品行，养成优雅的爱好。从古至今，真正值得追求享乐的还是"读万卷书""行万里路"，如此，才能充分地享受人文之灵、日月之光、山水之秀。

我视汝曹所作诗文，皆有才情，有思致_{意趣，意境}，有性情，非梦梦_{昏乱，不明}全无所得于中者，故以此谆谆_{zhūn zhūn。耐心引导、恳切教诲的样子}告之。欲令汝曹安分省事，则心神宁谧_{安静，安宁。谧 mì，平静}而无烦扰之害；寡交择友，则应酬简而精神有余；不闻非僻之言，不致陷于不义；一味谦和谨饬，则人情服而名誉日起。制艺者，秀才立身之本。根本固，则人不敢轻，自宜专力攻之。余力及诗、字，亦可怡情。良时佳辰，与兄弟姊夫辈，一料理山庄，抚问松竹，以成余志。是皆于汝曹有益无损，有乐无苦之事，其味聪听_{明于听取，辨察}之义。

我看你们写的诗句和文章，都有才情，有意趣，有性格，不是心中昏乱、毫无收获的人，所以不厌其烦地对你们说这些话。想使你们安分守己，减少麻烦，你们就会心神安宁，而没有纷纷扰扰的祸患；挑选朋友，少交朋友，就会应酬少而精神旺盛；不听不正当的言语，就不会陷于不义之中；总是谦和谨慎周到，那人心信服，而名誉一天天上升。科举制义是秀才立身的根本，根本牢固了别人就不敢轻视，自然应当专心攻取。有剩余的精力用在写诗和书法上，也可以怡悦性情。美好的时刻，与兄弟姐夫们，一同料理山庄，观赏松竹，以达成我悠游山林的心愿。这都是对你们有好处没有坏处、有快乐没有痛苦的事，这些道理你们要仔细体会啊！

评
析

张英对后辈的成长感到由衷的欣慰。期望他们在读书、作文、择友等方面秉持优良的传统，务求持之以恒，不断进步。"文章千古事，得失寸心知"，诗人杜甫所言绝不仅限于文章之内，还有一层做人的深意。张英谆谆告诫后人，要勤读书、慎择友、育雅好。

历代名家点评

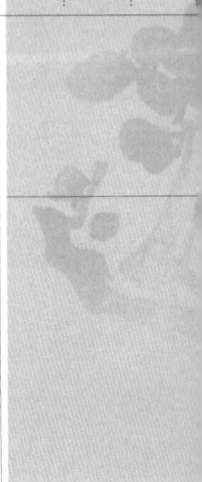

两相国（指张英、张廷玉）遭际圣清为时良相，以汉韦平较之，尚勋业之未伴，以宋韩范衡之，且遇之不逮，真所谓求之史册，罕有伦比者也。大名既炳彪于旃常私集，亦风行于海内。（《聪训斋语》《澄怀园语》）尤为脍炙人口。

——〔清〕吴仁杰《澄怀园语·序》

桐城张文端公英《聪训斋语》有云："读书者不贱，守田者不饥，积德者不倾，择交者不败。"四语可括诸家训辞千万言。

——〔清〕陆以湉《冷庐杂识》

张文端《恒产琐言》《聪训斋语》，不可不时时诵读，志于心中。无论居家做官，当奉为宝训。

——〔清〕王师晋《资敬堂家训》

《颜氏家训》作于乱离之世，张文端英《聪训斋语》作于承平之世，所以教家者极精。尔兄弟各觅一册，常常阅习，则日进矣。

——〔清〕曾国藩《曾国藩全集》

吾教尔兄弟不在多书，但以圣祖之《庭训格言》、张公之《聪训斋语》二种为教，句句皆吾肺腑所欲言。

——〔清〕曾国藩《曾国藩全集》

予幼时，大人授以《聪训斋语》，谓读之可淡荣利，就本实。因益为言：张氏当隆盛时，其子弟无不谨敕谦约，可为大臣家法。

——〔清〕马其昶（转自钱仲联《广清碑传集》）

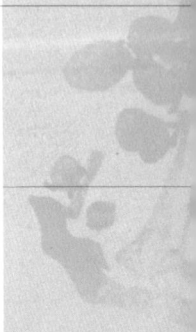